序

最近几年,随着我国大气污染治理的不断深入,政府和公众对进一步改善大气环境的状况提出了更高、更严格的要求,希望能更多、更健康地在洁净的蓝天下工作和生活。国家和相关部门为此制定了重大污染区治理规划,并组织了国内多部门、多方面专家进行实施,取得了明显的成果,其中包括对 2008 年北京奥运会和 2010 年广州亚运会的成功召开起到了重要的环境保障作用。但是,进一步改善大气环境的关键科学问题,如监测 $PM_{2.5}$,日益引起政府和公众的关注。现在环保部门已经制订了相应的计划,在未来几年内将把目前主要对 PM_{10} 的监控转变为对 $PM_{2.5}$ 的监控。

根据国内外的研究,大气气溶胶颗粒物按其粒径可分为三类:第一类是大颗粒物,其粒径在 $10 \sim 100\ \mu m$($1\ \mu m = 10^{-6}\ m$)。第二类为 PM_{10},粒径小于或等于 $10\ \mu m$,PM_{10} 还可分成粒径在 $2.5 \sim 10\ \mu m$ 的粗颗粒物和粒径小于或等于 $2.5\ \mu m$ 的细颗粒物(即 $PM_{2.5}$)。在北京地区,$PM_{2.5}$ 可占 PM_{10} 的 $55\% \sim 65\%$,而周边有些城市该比例为 $45\% \sim 55\%$。因此,对 $PM_{2.5}$ 的治理将对环境改善起着主要作用。其实,$PM_{2.5}$ 由来已久,1997 年美国就提出 $PM_{2.5}$ 的环境标准。由于 $PM_{2.5}$ 主要通过呼吸进入呼吸道,然后进入呼吸系统的深部,如细支气管、肺泡,甚至进入心血管系统的血管,因而可以显著影响人的呼吸系统和心血管系统。

有人也将 $PM_{2.5}$ 称为入肺颗粒物。世界卫生组织（WHO）在 2005 年版空气质量准则中指出，当 $PM_{2.5}$ 平均浓度达到 35 $\mu g/m^3$ 时，人的死亡风险比浓度为 10 $\mu g/m^3$ 时增加 15%。第三类是小于或等于 1 μm 的超细颗粒物，又称 PM_1。实际上，它是包含在 $PM_{2.5}$ 之中，可占其质量的60%～70%。这部分粒子的数浓度明显上升时，对灰霾天气的形成影响最大。实际上，灰霾天气增多的关键原因就在于粒径在 0.4～1.0 μm 的细小粒子越来越多。但目前的观测技术和科学认识水平尚难对其进行日常的测量和监控。

$PM_{2.5}$ 除了自然源如沙尘暴以外，主要是人类燃烧化石燃料、生物质燃烧（如秸秆）等产生的，不但与人们的生产活动有关，而且与人们的日常生活密切相关，如汽车尾气排放、烹饪等。$PM_{2.5}$ 生成和增加的过程十分复杂，其中包括光化学反应。通过这种反应可以导致二次生成的粒子，它是造成污染的重要过程。一个值得关注的问题是它的长距离输送。$PM_{2.5}$ 等污染颗粒物在当地生成后，可以通过大气环流从污染区向其他地方输送，其中有些可以跨国界，或跨洋和地区输送到别的国家和地区，因而也是国际上共同关心的一个问题。从卫星监测上，可以一目了然。由于每一个国家、每一个地区和每一个人都可能受到来自上游地区污染的影响，因而，减少污染物（也包括对流层臭氧）的全球或大范围扩散是人类共同的任务。

另外，气候变化和空气污染有共同的根源，即化石燃料燃烧的排放，空气污染能够影响气候变化，而气候变化也能影响或加剧空气污染。这种耦合关系需要对两者有充分的了解，以发展交互的减排战略，取得双赢的效果。

吴兑教授这本书正是针对上述目的而写，他从 $PM_{2.5}$ 基本概念和标准阐述,到对大气雾、霾等的影响和对人体健康的危害,最后到 $PM_{2.5}$ 的监测、预报、预警、减排以及个人防护,系统地说明了 $PM_{2.5}$ 的各方面问题,全书说理清晰,深入浅出,并配以大量彩色插图,使人看后对 $PM_{2.5}$ 的本质和影响有一个全面、科学和形象的认识。作者是国内这方面著名的专家,他不但通晓与 $PM_{2.5}$ 有关的各种问题,而且对区域大气污染发生的原因、过程、影响和治理都有十分深入的研究和见解。我相信这本书一定会帮助有兴趣的读者提高对 $PM_{2.5}$ 的全面认知,从而进一步增强全民的环境保护意识和行动。

丁一汇

(中国工程院院士)

2012 年 11 月 5 日

前　言

　　2011 年 10 月至 2012 年 3 月,北京及华北平原、长三角地区出现的多次严重灰霾天气和大雾天气,诱发了关于空气质量的风波,使原本十分冷僻的专业代码 $PM_{2.5}$,成为公众与网络的热点词汇,几乎到了人们见面无不谈及 $PM_{2.5}$ 的程度。气象出版社胡育峰编辑于 2012 年 3 月 30 日来电,与我商议可否执笔完成关于 $PM_{2.5}$ 的科普读物,而且时间相对较紧。基于我自 1986 年开始专门从事气溶胶研究和近 10 年来专注于灰霾天气和灾害性大雾研究的背景,以及对我国空气质量评价体系的了解,欣然接受了胡编辑邀请。自是年 4 月开始收集素材,动笔之后发现自己对完成书稿的能力过于乐观,而在写作初稿的过程中困难重重,因而写作时断时续。虽然主要素材源于我过去完成的《雾和霾》与《环境气象学与特种气象预报》两本书,以及近 10 年发表的相关论文,但要完成一部通俗易懂的专业科普读物却绝非易事。经过一段苦思冥想和艰苦努力,在胡编辑的催促下,于 2012 年 9 月 15 日提交了初稿,在出版社的建议下,又进行了补充修改,于 2012 年 10 月 8 日完成终稿。感谢胡育峰编辑多次审读原稿和提出的建设性修改意见。

　　谈及 $PM_{2.5}$,不得不涉及气溶胶的科学概念以及灰霾天气与大雾天气。广义地讲,灰霾和雾都属于大气气溶胶的范畴,科学界的气溶胶定义是"气体介质中加入固态或液态粒子而形成的分散体系"。但到目前为止,还没有一个统一的被大家接受的大气气溶胶分类和不同类型气溶胶的统一的命名系统。大气气溶胶的特征有物理特征、化学特征和辐射特征之分。气溶胶有多种分类法,按来源,可分为自然源(又可分为大陆源、海洋源和生物源)与人类活动排放源;按产生方式,可分为机械粉碎、燃烧、气粒转化和凝并等;按组分,可分为无机成分[包括矿物粉尘(如土壤尘、沙尘、火山灰)、海盐、黑碳、硫酸盐、硝酸盐等]和有机成分[包括有机碳氢化合物、其他有机物(如多环芳烃、持久性有机污染物等)和生物气溶胶(如花粉、孢子、病毒、细菌和动植物蛋白碎屑等)];按谱分布,可分为巨粒子(如降水粒子、云雾粒子、沙尘)、大粒子(如海盐、土壤尘、火山灰)、细粒子(如光化学烟雾)、超细粒子(如新粒子——气粒转化刚刚形成的分子团)等;按辐射特性可分为辐射吸收性粒子和散射性粒子。而且,气溶胶主要以混合物的形式存在,极少以单一化合物存在。排除降水粒子(雨滴、冰雹、霰、米雪、冰粒和雪晶)后,其中气溶胶中的水滴和冰晶如果在近地面层就是气象学的雾和轻雾,气溶胶中的其他非水成物就是气象学所称的灰霾(有些气态污染物,如氮氧化物,也能削弱可见光使能见度恶化)。

我国改革开放以来,由于经济规模的迅速扩大和城市化进程的加快,城市群区域和大城市的大气气溶胶污染日趋严重,由人类活动排放的气溶胶造成的能见度恶化事件越来越多,原来相对少见的天气现象"霾"成为一种多见的天气现象。原来在各类词典上"霾"是一种非水成物造成视程障碍的自然现象,近年来由于人类活动大气气溶胶细粒子污染日趋严重,使得霾现象主要由人类活动所造成,因而有着重要的环境意义。

灰霾的出现有重要的空气质量指示意义,而雾的记录,有明确的天气变化指示意义。在全球变化的大背景下，由于经济的快速发展，人类活动排放的污染物形成的灰霾现象迅速增加，都市灰霾天气日趋严重，组成灰霾的化学成分发生重大变化，而$PM_{2.5}$正是能见度恶化形成灰霾天气的主要元凶，也是形成大雾和加重污染的重要角色。本书正是基于上述兴趣，希望能为读者提供一本有趣的科学读物。

衷心感谢国家自然科学基金委员会和科技部 10 余年来的大力支持，正是在国家基金委和科技部的持续资助下，我们依托 49975001、40375002、40418008、40775011、U0733004 和 973-2011CB403403、863-2006AA06A306 课题的资助，积累了大量关于气溶胶的物理化学特征的观测结果，为本书的编写提供了丰富的素材。

感谢我的研究生廖碧婷、陈慧忠、陈静、吴蒙和我的同事李菲，他们花费了许多时间搜索素材、绘图和摄影拍照。感谢西安交通大学顾兆林教授提供照片。感谢中国科学院广州地球化学研究所王新明研究员、北京大学张远航教授、华南理工大学郑君瑜教授提供珠三角气溶胶源解析结果。感谢澳门地球物理暨气象局汤仕文先生提供澳门 $PM_{2.5}$ 标准与实施进度。感谢台湾鼎环工程顾问股份有限公司技术副总刘蒲圣博士和台湾天气风险管理开发股份有限公司总经理彭启明博士提供台湾 $PM_{2.5}$ 标准与实施进度。感谢广东省环境监测中心钟流举教授提供珠三角公布 $PM_{2.5}$ 监测数据的细节。感谢杭州市环境监测中心洪盛茂教授提供浙江省公布 $PM_{2.5}$ 监测数据的细节。

感谢丁一汇院士欣然应允赐序。感谢专家们认真审读后提出的中肯修改意见，使我更加深入地思考，得以纠正一些错漏，以免贻笑大方。

本书的一些内容和附图引自其他学者的均尽力注明，谨借此机会向有关作者表示由衷的谢意。由于参考的素材较多，可能有些图片的出处未能查到，也可能引用了一些非正式出版物的素材，难以一一注明，如有疏漏，请原作者鉴谅。

由于著者水平有限，况且本书的主题虽然新颖但有颇多争议，错误和遗漏之处在所难免，有些提法也不一定恰当，恳请广大读者和专家学者批评指正。

著者于广州梅花村
2012.10.8

目　录

2

引　子

　　改革开放以来,我国经济社会取得了长足发展,人民生活水平得到极大提高,在经济社会快速发展的同时,产生和排放了大量大气污染物。由于污染物高强度、集中性排放,加上地形、天气等因素影响,这些大气污染物在区域内积聚、输送、相互影响,并发生着化学反应和光化学反应,一些发达国家工业化百年来分阶段出现、分阶段解决的大气污染问题,在我国东部地区近30年的发展历程中集中地出现,大气污染物排放量大大超过了环境的承载能力,局部地区大气质量退化,煤烟型污染的老环境问题尚未解决,以氮氧化物(NO_x)为代表的机动车尾气污染、以臭氧(O_3)为代表的光化学烟雾污染和以 $PM_{2.5}$ 为代表的灰霾天气等新的大气污染问题接踵而至。

　　灰霾天气不断出现,大雾橙色预警频频拉响,让人们对空气质量的关注程度达到一个前所未有的高度。在这些关注当中,"$PM_{2.5}$"被推向了舆论的风口浪尖。2012 年全国"两会","$PM_{2.5}$"首次被写入政府工作报告。这无疑让 $PM_{2.5}$ 再次引来更多关注:这个"微小的颗粒物"到底是怎样"飘"进政府工作报告的?国家为何在 2012 年下定决心对 $PM_{2.5}$ 采取行动?$PM_{2.5}$ 之外,我们还应该关心什么?社会公众对自身生存环境的日益关注,无疑是 $PM_{2.5}$ 这个专业名词迅速走红的主要原因。公众环保意识的提高,舆论监督的加强,是 $PM_{2.5}$ 迅速从社会热词变身为官方标准的原因之一。郝吉明院士形象地比喻:"小颗粒带来大挑战,小颗粒挑战大智慧!"我们迎来了全民应对 $PM_{2.5}$ 治理、减排的大时代。

2011年10月以来,包括京沪在内的我国黄淮海平原和长江三角洲(简称"长三角")多地持续出现大雾和灰霾天气,严重影响了居民的日常生活,而大气气溶胶颗粒物中粒径小于或等于2.5 μm的细粒子,是造成灰霾天气的最主要元凶。入秋以后,美国驻华大使馆每天定时播报的空气质量状况,让北京继伦敦之后也获"雾都"之称。其中一个最重要因素,就是大气的细粒子颗粒物 $PM_{2.5}$ 严重超标,引发了公众对空气质量对健康造成影响的严重担忧,也让一个专业性很强的词汇进入公众视野。2011年11月17日,针对 $PM_{2.5}$,社会高度关注的《环境空气质量标准》面向公众二次征求意见。环境保护部表示,两次征求意见稿最大的差异是后者将 $PM_{2.5}$ 和 O_3(8小时浓度)纳入常规空气质量评价,并收紧了 PM_{10} 和 NO_2 等的标准限值,提高了对监测数据的统计有效性要求。新标准于2012年起分期实施,2016年1月1日在全国全面实施。事实上,对可能给人体健康造成极大危害的 $PM_{2.5}$ 问题,已在我国大城市徘徊了30多年,却一直未能纳入国家的空气质量评价体系。面对严峻的复合型大气污染状况,新的《环境空气质量标准》将我国原有的空气污染指数(API)调整为空气质量指数(AQI),$PM_{2.5}$ 和 O_3(8小时浓度)都被纳入新的评价体系。

由于经济规模迅速扩大和城市化进程加快,大气气溶胶污染日趋严重,由气溶胶细粒子 $PM_{2.5}$ 污染造成的能见度恶化事件越来越多(Wu等,2005;吴兑等,2006a,2006b,2007a,2011a,2011b,2011c,2011d,2012a,2012b;李菲等,2012),我国东部地区灰霾天气迅速增加(吴兑等,2009b,2010,2012a,2012b;陈欢欢等,2010;陈静等,2010;邓涛等,2012;黄健等,2008;李菲等,2012;蒋德海等,2012)。灰霾天气的本质就是细粒子气溶胶污染(吴兑等,2006a,2006b,2007a,2011a,2011c,2011d,2012a,2012b),与光化学污染相关联,形成灰霾天气的气溶胶组成非常复杂(Wu 等,2006;吴兑,1995,2003a,2011;吴兑等,1990,1991,1993,1994a,1994b,1995,1996,2001b,2003a,2011e;毛节泰等,1988)。近年来,灰霾天气日趋严重引发的环境效应问题和气溶胶辐射强迫引发的气候效应问题引起科学界、政府部门和社会公众的广泛关注,成为热门话题。在此背景下,国家在 2010 年出台了气象行业标准《霾的观测和预报等级》(QX/T 113—2010)(中国气象局,2010),其中包含 $PM_{2.5}$ 和 PM_1 的标准限值;2012 年 3 月出台了新版的国家《环境空气质量标准》(GB 3095—2012)(环境保护部,2012),将 $PM_{2.5}$ 作为一般污染物,对灾害性天气预测预报预警、环境监测、环境管理和环境评价提出了新的要求,因而需要分析我国灰霾天气的长期变化与大气污染的背景、国际组织和其他国家 $PM_{2.5}$ 的标准及近期的热点问题,思考关于 QX/T 113—2010 在雾、霾识别和灰霾天气的预测预报预警,GB 3095—2012 在环境监测、环境管理和环境评价实施过程中所面临的挑战。

2010 年 9 月 28 日,美国国家航空航天局(NASA)的科学家们发布了 $PM_{2.5}$ 长期分布状况。在这张 2001—2006 年平均 $PM_{2.5}$ 分布图(图 0.1)上,全球 $PM_{2.5}$ 最高的地区在北非和中国的华北、华东、华中地区。WHO 认为,$PM_{2.5}$ 小于 10 $\mu g/m^3$ 是安全值,中国的上述地区全部高于 50 $\mu g/m^3$,接近 80 $\mu g/m^3$。全球浓度值超过 80 $\mu g/m^3$ 的重度污染区,绝大部分集中在中国的黄淮海地区、长江河谷、四川盆地等东部地区及珠三角地区。与美国等发达国家不同,比如20世纪40年代洛杉矶光化学烟雾事件发生后,美国即着手对复合型大气污染进行研究治理,我国是"先污染后治理",到21世纪各地区新型复合污染压缩性集中爆发后才着手研究机理和治理措施,这正是目前国内灰霾天如此严重且多见的原因所在。

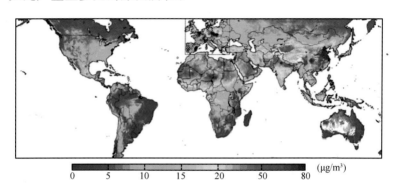

| 0 | 5 | 10 | 15 | 20 | 50 | 80 | (μg/m³) |

图 0.1 卫星监测的 PM$_{2.5}$全球分布(引自 van Donkelaar 等,2010)

风 波

2011年12月5日,我国北方地区出现大雾天气,能见度不足1 km,致多个省份之间的高速公路关闭,超过300个进京航班延误或取消。美国驻华大使馆每小时发布一次PM$_{2.5}$的监测数据,数据显示,2011年12月4日19时,美国驻华大使馆监测到的PM$_{2.5}$瞬时浓度为522 μg/m³,对应的空气质量指数(AQI)已经超过上限值500,健康提示为"Beyond Index(指数以外)"。因此,不少网友惊呼"再次爆表"——这是继2010年11月21日后,美国驻华大使馆监测到的PM$_{2.5}$瞬时浓度的第二次"爆表"。

与此同时,北京市环保局的官方微博"绿色一北京"(新浪微博)每日下午公布一次过去 24 小时监测数据,再公布一次未来 24 小时的预测数据,公布的 4 日 12 时至 5 日 12 时的空气污染指数(API)为 193,质量级别为"轻度污染 2 级"。两个等级之间的差别引发争议,北京环保局曾解释,这是因为两国空气质量标准不同,但北京市民均觉得空气远不止"轻度污染",有网友调侃:"监测仪戴口罩了吗? 以后喝西北风都有可能中毒!"

尽管美国驻华大使馆用短历时监测结果(小时均值)与我国现行的长历时标准(日均值)相比较在科学上是错误的,而且在中国需要使用中国的标准限值,不能使用美国的新标准限值($35\ \mu g/m^3$),况且美国有些州还在使用旧标准($65\ \mu g/m^3$),但不可否认的是,这种大雾天气(图 0.2)引发了公众对空气污染和 $PM_{2.5}$ 的持续关注。

图 0.2　大雾中的北京中央商务区(CBD)(周荣/摄,2011)

早在 2003—2005 年,广州民众和媒体也曾普遍不满当时空气质量标准,要求政府治理灰霾。与北京这次的 $PM_{2.5}$ 争议稍有不同的是,当时广州是受到毗邻之地香港的压力,这次北京则受到国际友人的压力多些,但这未尝不是一个好的治理契机。

2011 年 12 月 5 日,《环境空气质量标准》(下称"《标准》")(二次征求意见稿)征求公众意见截止。该意见稿提出,在基本监控项目中增设 $PM_{2.5}$ 年均、日均(24 小时平均)浓度限值和 O_3(8 小时浓度)限值,新标准拟于 2016 年全面实施。在《标准》征求意见稿中,$PM_{2.5}$ 年均、日均浓度限值分别定为 35 $\mu g/m^3$ 和 75 $\mu g/m^3$,与 WHO 过渡期第 1 阶段目标值相同,符合我国目前经济发展阶段和环境管理的需求。环境保护部科技标准司负责人介绍,《标准》主要在三个方面有突破:一是调整环境空气质量功能区分类方案,将现行标准中的三类区并入二类区;二是完善污染物项目和监测规范,包括在基本监控项目中增设 $PM_{2.5}$ 年均、日均浓度限值和 O_3(8 小时浓度)限值,收紧 PM_{10} 和 NO_2 浓度限值等;三是提高数据统计的有效性要求。这是我国首次制定 $PM_{2.5}$ 的国家环境质量标准。专家指出,$PM_{2.5}$ 是严重危害人体健康的污染物,已经被科学证实,近年来我国 $PM_{2.5}$ 污染问题日益凸显。将 $PM_{2.5}$ 放入强制性污染物监测范围,有利于消除或缓解公众自我感观与监测评价结果不完全一致的现象。另外,京津冀、长江三角洲、珠江三角洲(简称"珠三角")三大地区及 9 个城市群可能会被强制要求先行监测并公布 $PM_{2.5}$ 的数据。9 个城市群分别为,辽宁中部、山东半岛、武汉及其周边、长株潭、成渝、海峡西岸、陕西关中、山西中北部和乌鲁木齐。

GB 3095—2012 实施时间

《环境空气质量标准》(GB 3095—2012)于 2012 年 2 月 29 日通过国务院审议(这是迄今唯一经过国务院审议的国家环境标准)正式发布,与 GB 3095—1996 及其修改单(2000)相比,除

收紧了 NO_2 和 PM_{10} 的标准限值外,新标准增加了 $PM_{2.5}$ 和 O_3（8 小时浓度）限值,并将其纳入环境空气污染物基本项目。其中,$PM_{2.5}$ 的纳入,与 2011 年 10 月至 2012 年 2 月北京及华北地区、上海及长三角地区发生的多次严重灰霾天气（即 $PM_{2.5}$ 污染风波）密切相关。$PM_{2.5}$ 标准实施后,环境监测、环境管理和环境评价都需要相应地调整工作策略,以期建立正确的减排思路。

环境保护部 2012 年 2 月 29 日签发的环发〔2012〕11 号文件指出,实施《环境空气质量标准》(GB 3095—2012)是新时期加强大气环境治理的客观需求。随着我国经济社会的快速发展,以煤炭为主的能源消耗大幅攀升,机动车保有量急剧增加,经济发达地区 NO_x 和挥发性有机物（VOCs）排放量显著增长,O_3 和细颗粒物（$PM_{2.5}$）污染加剧,在可吸入颗粒物（PM_{10}）和总悬浮颗粒物（TSP）污染还未全面解决的情况下,京津冀、长三角、珠三角等区域 $PM_{2.5}$ 和 O_3 污染加重,灰霾现象频繁发生,能见度降低,迫切需要实施新的《环境空气质量标准》,增加污染物监测项目,加严部分污染物限值,以客观反映我国环境空气质量状况,推动大气污染防治。

实施《环境空气质量标准》(GB 3095—2012)（环境保护部,2012a）是满足公众需求和提高政府公信力的必然要求。与新标准同步实施的《环境空气质量指数（AQI）技术规定（试行）》（环境保护部,2012b）增加了环境质量评价的污染物因子,可以更好地表征我国环境空气质量状况,反映当前复合型大气污染形势;调整了指数分级分类表述方式,完善了空气质量指数发布方式,有利于提高环境空气质量评价工作的科学水平,更好地为公众提供健康指引,努力消除公众主观感观与监测评价结果不完全一致的现象。

文件规定了全国实施新标准的时间安排：

- 2012 年，京津冀、长三角、珠三角等重点区域以及直辖市和省会城市；

- 2013 年，113 个环境保护重点城市和国家环保模范城市；

- 2015 年，所有地级以上城市；

- 2016 年 1 月 1 日，全国实施新标准。

鼓励各省、自治区、直辖市人民政府根据实际情况和当地环境保护的需要，在上述规定的时间要求之前实施新标准。

经济技术基础较好且复合型大气污染比较突出的地区，如京津冀、长三角、珠三角等重点区域，要做到率先实施环境空气质量新标准，率先使监测结果与人民群众感受相一致，率先争取早日和国际接轨。

2012 年 3 月 31 日，环境保护部部长周生贤在"第二次全国环保科技大会"上指出：发布新修订的《环境空气质量标准》是一个标志性事件，表明我国环境管理开始由以环境污染控制为目标导向，向以环境质量改善为目标导向转变，扣响了环境管理战略转型的"发令枪"。

第1章 气溶胶与PM₂.₅

1.1 气溶胶的定义

气溶胶是合成词，是气体介质和大气中的颗粒物的混合物，是一种胶体，英文名叫 Aerosol，实际上和牛奶类似，牛奶是在水的介质里漂浮着一些脂肪类、蛋白类物质，而在空气中飘浮着颗粒物就是气溶胶。

学术界对气溶胶有三个认知的过程，最初在广义上应该是气体介质和其中飘浮的颗粒物的总称；然后是把介质去掉，就缩小到仅指大气中的颗粒物；最后是把大气中的降水物质（冰雹、雨滴、冰晶、雪花）全部排除，就包括土壤粒子、沙尘粒子、火山灰、海盐粒子、硫酸盐、硝酸盐、铵盐和一些元素碳粒子、有机碳粒子及具有生物活性的蛋白粒子（如病毒、病菌、花粉、孢子以及动植物尸体和排泄物形成的有机碎片），这就是现在最狭义的气溶胶概念。

大气气溶胶的特征有物理特征、化学特征和辐射特征之分。气溶胶有多种分类法，按来源，可分为自然源（又可分为大陆源、海洋源和生物源）与人类活动排放源。按产生方式，可分为机械粉碎、燃烧、气粒转化和凝并等。按组分，可分为无机成分和有机成分。其中，无机成分包括矿物粉尘（如土壤尘、沙尘、火山灰)、海盐、黑碳、硫酸盐、硝酸盐等；有机成分包括有机碳氢化合物、其他有机物[如多环芳烃(PAHs)、持久性有机污染物(POPs)等]和生物气溶胶(如花粉、孢子、病毒、细菌和动植物蛋白碎屑等)。按谱分布,可分为巨粒子(如降水粒子、云雾粒子、沙尘)、大粒子(如海盐、土壤尘、火山灰)、细粒子(如光化学烟雾形成的二次气溶胶)、超细粒子(如新粒子—气粒转化刚刚形成的分子团)等。按辐射特性,可分为辐射吸收性粒子和散射性粒子。排除降水粒子(雨滴、冰雹、霰、米雪、冰粒和雪晶)后,气溶胶中的水滴和冰晶如果在近地面层就形成气象学所说的雾和轻雾,气溶胶中的其他非水成物就形成气象学所称的霾。大气气溶胶中的非水成物是指,排除了大气中的降水粒子与云雾粒子(云滴、雾滴和冰晶)后,悬浮在大气中的其他气溶胶粒子,包括硫酸微滴和硝酸微滴、矿物粉尘(土壤尘、沙尘、火山灰)、海盐、黑碳、硫酸盐、硝酸盐、有机碳氢化合物、其他有机物和生物气溶胶。而且,这些气溶胶中的非水成物主要以混合物的形式存在,极少以单一化合物存在(吴兑等,2009b)。

1.2　PM$_{2.5}$的定义

PM$_{2.5}$的科学定义是：粒径≤2.5 μm 的细颗粒物,通常用质量浓度表示,其中粒径最大的差不多是头发丝的二十分之一。它是造成灰霾天气的"元凶"之一,能负载大量污染物和病菌,直接进入肺部,严重危害人体健康。从图1.1可以看出：将粒径≤100 μm 的颗粒物称为总悬浮颗粒物(TSP),将粒径≤10 μm 的颗粒物称为可吸入颗粒物(PM$_{10}$),将粒径≤1 μm 的颗粒物称为PM$_1$,而这些称谓对应的气溶胶的粒径的下限,与监测和采样方式有关,即与仪器的测量原理有关,一般从几纳米到几十纳米不等。我们在图中也注意到,云滴、雾滴的尺度在 $3\sim100~\mu\mathrm{m}$。

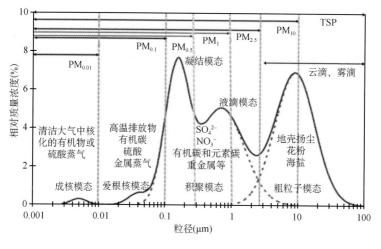

图 1.1 气溶胶的谱分布特征

1.3 灰霾天气

灰霾的成因,主要与化石燃料的燃烧相关。人类活动排放颗粒态污染物,比如水泥厂、发电厂、冶炼厂、工业炉窑都会直接排放颗粒物,汽车尾气会直接排放黑碳粒子,人类活动也会排放二氧化硫、氮氧化物、挥发性有机物(或者说碳氢化合物)等气态污染物。二氧化硫被氧化后会生成硫酸盐,氮氧化物和挥发性有机物在太阳紫外光的照射下发生光化学反应(主要是烯烃、烷烃、芳烃这三类物质的反应)(蒋承霖等,2012;邓雪娇等,2003),这些反应导致臭氧浓度升高,最终生成如过氧乙酰硝酸酯(PAN)等新的气态污染物,进而转化为硝酸晶粒和有机硝酸盐等二次气溶胶,这些物质都是气溶胶细颗粒物,可造成能见度的恶化,也就是造成所谓的灰霾天气。

除此之外，城市化、土地利用变化也加速了灰霾的形成。土地利用变化，就是下垫面的改变。城市化之后，下垫面变成了不透水的硬地面，比如水泥或者沥青地面，它的热容量非常小，比植被和水体小得多，吸热放热都非常快，所以造成了一系列复杂的气候变暖和污染事件。

我们可以拿世界上几个著名的超大型城市作例子，如美国的纽约和底特律，墨西哥的墨西哥城，中国的北京、上海与广州这三大城市群。科学家在对这几个大城市的研究中发现，城市的污染源在不同历史阶段是各不相同的。19世纪当工业化刚开始时，城市大气污染处在第一阶段，即粉尘污染时代，空气中的污染物主要是大型发电厂、水泥厂和各种工业炉窑直接排放的粉尘。第二阶段是二氧化硫、硫酸盐污染时代，空气中的污染物主要是发电厂和工业窑炉排放的二氧化硫，在大气中发生化学反应氧化成硫酸盐，也就是变成了硫酸盐气溶胶。而到了最近几十年，城市大气污染发展到第三阶段——复合型大气污染时期。美国和欧洲可以说是完整经历了这三个过程，整个过程长达百年之久，而中国是压缩性地集中出现这些污染过程，从一个比较好的大气环境到现在的城市复合型大气污染，只用了30年，这是由于经济发展迅猛而造成的。

2010年5月11日国办发〔2010〕33号文《关于推进大气污染联防联控工作改善区域空气质量的指导意见》中明确指出：近年来，我国一些地区酸雨、灰霾和光化学烟雾等区域性大气污染问题日益突出，严重威胁群众健康，影响环境安全。

《国家中长期科学和技术发展规划纲要（2006—2020年）》也指出：我国20世纪80年代之后进入经济高速发展阶段，我们用短短30余年的时间走完了发达国家上百年的路程，致使我国的生态与环境遭受了严重的破坏,导致本应在不同阶段出现的生态与环境问题在短期内集中体现和爆发出来,生态与环境问题表现出显著的系统性、区域性、复合性和长期性特征。城市和区域复合型大气污染已经成为制约我国社会经济发展的瓶颈,研究复合型大气污染的成因和控制办法是当前国家的重大需求。

近年的研究说明,灰霾是能见度下降的反映,能见度下降主要是气溶胶细颗粒物($PM_{2.5}$)的消光造成的。

第 2 章　PM₂.₅的组成及其标准

2.1　PM₂.₅的组成及主要来源

PM₂.₅的主要来源是能源(主要是煤电)、工业生产(主要是冶金、石化)、机动车尾气排放等过程中经过燃烧而排放的残留物,以及氮氧化物、挥发性有机物、一氧化碳等的二次转化,大多含有有机物、重金属等有毒有害物质。一般而言,粒径 2.5~10 μm 的粗颗粒物主要来自地表扬尘、道路扬尘、建筑尘等;粒径≤2.5 μm 的细颗粒物(PM₂.₅)则主要来自化石燃料(煤、石油、天然气)的燃烧(如机动车尾气、燃煤)和挥发性有机物通过光化学反应的转化。植物排放的挥发性有机气体也能通过光化学反应生成 PM₂.₅,但比例不大。

图 2.1 是一些典型气溶胶粒子的显微图片。

2.2　环境空气质量评价体系

在我国各地区复合型大气污染压缩性集中爆发,灰霾天气频繁出现后,国内公众每天都能接触到的空气污染指数(API)的发布中,却经常显示为"优、良"。这是因为原有的空气质量评价体系空气污染指数(API)中,根本没有纳入 PM₂.₅的监测数据,在眼下以细颗粒物为主的复合型大气污染时代,缺少 PM₂.₅的空气污染指数显得不合时宜。

14

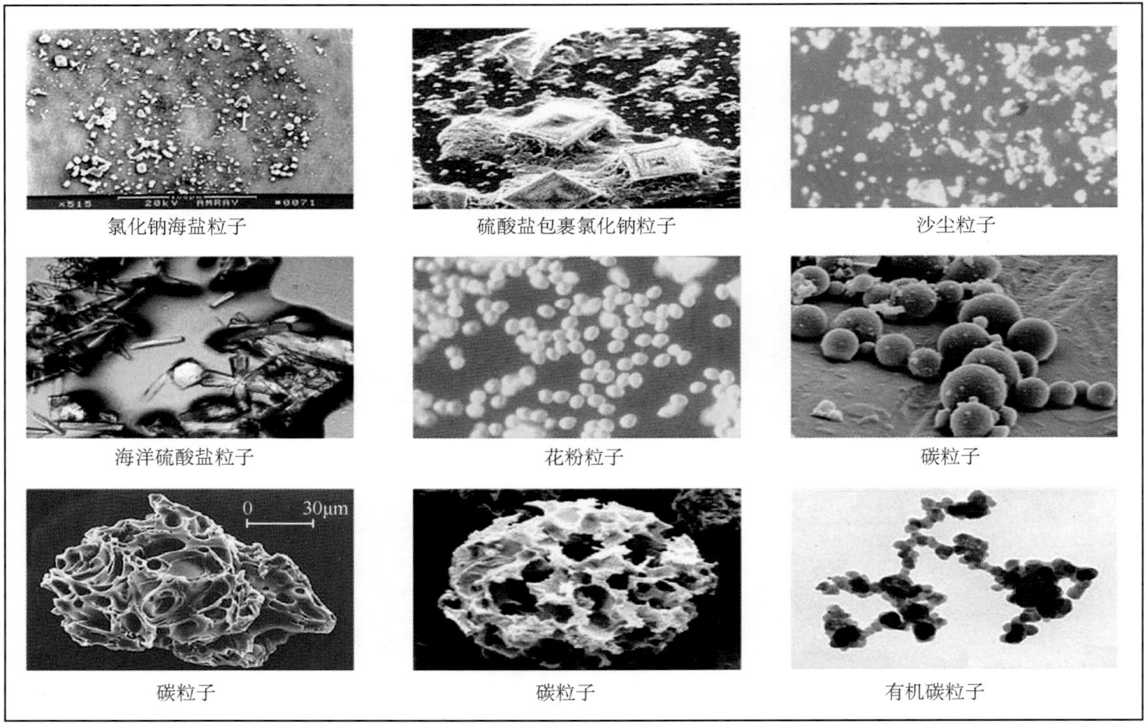

图 2.1　气溶胶粒子的显微照片（引自郑均华，2005；秦瑜，2001）

各图标注（自上而下、自左而右）：沙尘粒子；碳粒子；有机碳粒子；硫酸盐包裹氯化钠粒子；花粉粒子；碳粒子；氯化钠海盐粒子；海洋硫酸盐粒子；碳粒子

事实上,我国的空气质量评价体系曾多次发生变化。20世纪 80 年代初,国家颁布施行的《环境空气质量标准》(GB 3095—82)主要涉及三个监测指标,即 NO_x、SO_2 和 TSP(粒径 ≤ 100 μm 的颗粒物);90 年代实施的《环境空气质量标准》(GB 3095—1996)监测指标调整为 NO_x、SO_2 和 PM_{10};到 2000 年重新修订环境空气质量标准时,评价对象再次调整为 NO_2、SO_2 和 PM_{10}。几次调整均是以三项主要监测参数的最大值来确定首要污染物,并将其浓度换算成空气污染指数(API)进行公布,但都没有把 $PM_{2.5}$ 纳入其中。

近年,京津冀等华北地区仅监测 PM_{10},还存在 10% 的超标,其中,北京是 20% 超标。如果再加上监测 $PM_{2.5}$,新的空气质量评价体系空气质量指数(AQI)会将当地空气质量优良天数平均拉低 20%～30%,珠三角、长三角地区也类似,甚至长三角地区可能更严重。比如,当前广州全年有 98% 的空气质量优良率,如果纳入 $PM_{2.5}$,空气质量优良率就将下降为 60%～70%;长三角地区将从 90% 下降到 50%～60%;北京将从 80% 下降到 30%～40%。郝吉明院士认为,目前北京市 $PM_{2.5}$ 浓度要达到新国标还有相当的难度,估计需要 10 年甚至更长的时间,单日出现超标将会成为常态,需要全社会共同减少污染物排放。环境保护部副部长张力军指出,按现行空气污染指数(API),目前全国 70% 的城市空气质量达标,如果增加 $PM_{2.5}$ 监测,按新的空气质量指数(AQI)考核,则全国 70% 的城市不达标。正是包括京津冀在内的经济发达地区和全国广大地区 PM_{10} 的治理状况还不尽如人意,才导致国家迟迟未能将已出现 30 多年的 $PM_{2.5}$ 问题纳入空气质量监测和评价体系。

我国大城市的区域空气污染类型,在短短 30 余年走过了发

16

达国家 200 多年的历程，从粉尘污染时代，到粉尘污染＋硫酸盐污染时代，再到现在的粉尘污染＋硫酸盐污染＋硝酸盐污染的、有光化学烟雾参与其中的复合型污染时代。在粉尘污染时代建立的空气质量评价体系，已经无法描述复合型污染，尤其是细粒子污染状况了。正是在这种情况下，2006 年起，广东开始在国内率先尝试增加新的空气质量监测指标。打开广东省环境保护厅网站，可以看到，除每天发布国标 API 指数，该网站还同时公布了粤港珠三角空气污染形势图。相比 API，后者主要是增加了臭氧监测值，并且不仅仅表达首要污染物的污染水平，而且是4 种污染物浓度累加的综合性指标。

2.3　PM$_{2.5}$的标准

在我国气象行业，研究性的 PM$_{2.5}$监测始于 1988 年。对PM$_{2.5}$细颗粒物的网络化监测，事实上至少已进行了 8 年以上。2010 年 1 月，中国气象局正式发布了气象行业标准《霾的观测和预报等级》(QX/T 113—2010)(中国气象局，2010)，其中规定了 PM$_{2.5}$日均值限值：75 $\mu g/m^3$。

已经制定了 PM$_{2.5}$标准的国际组织与国家、地区的 PM$_{2.5}$限值如表 2.1、表2.2所示。

表 2.1　国际上 PM$_{2.5}$日均值限值

	限值($\mu g/m^3$)	人体健康水平
WHO 过渡时期目标-1 (IT-1)2005	75	以已发表的多中心研究和分析中得出的危险度系数为基础[超过 WHO 空气质量准则值(AQG)的短期暴露会增加 5% 的死亡率]，每年允许超标 3 天

	限值($\mu g/m^3$)	人体健康水平
WHO 过渡时期目标-2 (IT-2)2005	50	以已发表的多中心研究和分析中得出的危险度系数为基础(超过 AQG 值的短期暴露会增加 2.5% 的死亡率),每年允许超标 3 天
WHO 过渡时期目标-3 (IT-3)2005	37.5	以已发表的多中心研究和分析中得出的危险度系数为基础(超过 AQG 值的短期暴露会增加 1.2% 的死亡率),每年允许超标 3 天
WHO 空气质量准则值(AQG)2005	25	建立在 24 小时和年均暴露的基础上,每年允许超标 3 天
美国环境保护署(EPA)原标准 1997—2004	65	每年允许超标 3 天
美国 EPA 现标准 2006	35	每年允许超标 3 天
中国气象行业 2010	75	
中国国家标准(二级)2012	75	
中国香港 2012	75	每年允许超标 9 天
中国澳门 2012	75	
孟加拉 2005	65	
印度 2009	60	
斯里兰卡 2005	50	
日本 2009	35	
新加坡 2020 规划达标	37.5	
中国台湾 2012	35	
加拿大 2000	30	
澳大利亚 2003	25	
新西兰	25	

表 2.2　国际上 PM$_{2.5}$年均值限值

	限值(μg/m^3)	人体健康水平
WHO 过渡时期目标-1 (IT-1)2005	35	相对于 AQG 水平而言,在这一水平的长期暴露会增加大约 15% 的死亡风险
WHO 过渡时期目标-2 (IT-2)2005	25	除其他健康利益外,与 IT-1 相比,在此水平的暴露会降低大约 6% 的死亡风险
WHO 过渡时期目标-3 (IT-3)2005	15	除其他健康利益外,与 IT-2 相比,在此水平的暴露会降低大约 6% 的死亡风险
WHO 空气质量准则值(AQG)2005	10	对于 PM$_{2.5}$的长期暴露而言,这是一个最低水平,超过此水平,总死亡率、心肺疾病和肺癌的死亡率会增加(95% 以上可信度)
美国 EPA 原标准 1997—2004	15	
美国 EPA 现标准 2006	15	
美国加利福尼亚州 2003	12	
中国国家标准(二级)2012	35	
中国香港 2012	35	
中国澳门 2012	35	
印度 2009	40	
欧盟 2008	25	
英国 2007	25	
斯里兰卡 2005	25	
日本 2009	15	

	限值（$\mu g/m^3$）	人体健康水平
新加坡 2020 规划达标	12	
中国台湾 2012	15	
孟加拉 2005	15	
澳大利亚 2003	8	

需要强调的是，国际上在制定标准限值时都有一个附加条件，即出于管理目的，基于年均标准，准确的数字取决于当地的日均值的频度分布，要求日均值需要满足 99% 的达标率（一年只可以超标 3 天）。对于这一点，郝吉明院士多次大声疾呼，因为如果不严格控制日均值超标率，年均值就不可能达标。遗憾的是，我国的标准目前还没有这个附加条件。

从日均值标准来看，WHO 是分为 4 个阶段实施，我国的标准最宽松，澳大利亚和新西兰最严格。我国采用的 WHO 过渡时期目标-1 的推荐值 75 $\mu g/m^3$ 对于 WHO 空气质量准则值（AQG）25 $\mu g/m^3$ 的短期健康风险是，短期暴露会增加 5% 的死亡率。

从年均值标准来看，WHO 也是分 4 个阶段实施，印度的标准最宽松，澳大利亚最严格。我国采用的 WHO 过渡时期目标-1 的推荐值 35 $\mu g/m^3$ 对于 WHO 空气质量准则值（AQG）10 $\mu g/m^3$ 的长期健康风险是，超过 AQG 值的长期暴露会增加总死亡率、心肺疾病和肺癌的死亡率，在这一水平的长期暴露会增加大约 15% 的死亡风险。

目前，发达国家并没有达到 WHO 的空气质量准则值，欧盟

PM$_{2.5}$年均值大约是 12 μg/m^3；美国是 13 μg/m^3；日本是 20 μg/m^3，超过空气质量准则值 1 倍。我国的主要城市群 PM$_{2.5}$年均值大致是：台湾地区 31 μg/m^3，澳门地区 33 μg/m^3，香港地区 36 μg/m^3，广州 42 μg/m^3，上海 49 μg/m^3，南京 70 μg/m^3，北京 70 μg/m^3，沈阳 82 μg/m^3，除台湾、澳门外，均超过了 GB 3095—2012 年均值二级标准 35 μg/m^3 的限值（图 2.2）。

从表 2.3 可以看到，和 1989 年的资料相比，广州 21 世纪初期细粒子 PM$_{2.5}$的增加远较 PM$_{10}$的增加明显，20 余年来细粒子在气溶胶中的比重有明显增加。2004—2011 年间，对珠三角地区的气溶胶数密度谱和质量谱浓度进行了 8 年完整的监测记录，结果发现，PM$_{10}$浓度仅在早期超过国家二级标准的年均值浓度 70 μg/m^3，而包括在 PM$_{10}$中的细粒子 PM$_{2.5}$浓度，年均值则全部超出国家标准年均值限值的 35 μg/m^3。PM$_{2.5}$在 PM$_{10}$中的比重非常高，近年平均达到了 71％以上。

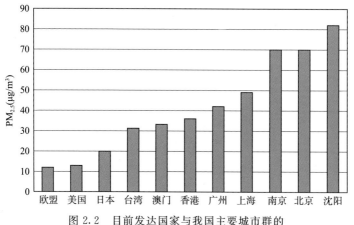

图 2.2　目前发达国家与我国主要城市群的
年平均 PM$_{2.5}$污染水平

表 2.3　广州多年来气溶胶粗、细粒子浓度与细粒子在
粗粒子中所占比例的变化

年份	$PM_{2.5}$（$\mu g/m^3$）	PM_{10}（$\mu g/m^3$）	$PM_{2.5}/PM_{10}$（％）
1989	54.8	117.0	46.8
2004	88.8	143.6	61.8
2005	75.2	129.8	57.9
2006	65.2	88.9	73.3
2007	48.9	61.7	79.3
2008	49.2	61.9	79.5
2009	42.0	52.9	79.4
2010	39.4	51.9	75.9
2011	42.2	62.5	67.5

第 3 章　PM$_{2.5}$与灰霾、雾

3.1　灰霾和雾

　　人类对雾的迷惑由来已久,虚无缥缈的雾,忽而在山间、在田野、在海边出现,若隐若现的山峦、森林、海滩,使人们仿佛进入了仙境。我国古代距今 3000 余年的《诗经》认为诗含神雾,往往将美好的幻想,常常是对情爱的企盼,比喻为是雾起时形成的一幅朦胧图画。在古汉语中,"雾"与"蒙"、"梦"相通假,在我们祖先的脑海里,雾就是朦胧的梦境。即便到了现代,雾仍然使人产生不尽的遐想,也是国际上研究的传统课题(吴兑等,2009b)。

　　雾是由大量悬浮在近地面空气中的微小水滴或冰晶组成的气溶胶系统,是近地层空气中水汽凝结(或凝华)的产物,粒径一般不超过 50 μm,平均在 10 μm 左右。这些雾滴对可见光有强烈的散射作用,因而造成视程障碍。按形成机制,雾可分为辐射雾、平流雾和锋面雾等。雾的存在会严重降低空气透明度,使能见度恶化(图 3.1,图 3.2),危害交通安全(吴兑等,2001a)。同时,雾中高浓度的污染物也会威胁人体健康。

图 3.1　京珠高速公路粤境北段的　　　图 3.2　京珠高速公路粤境北段
　　大雾(1999-01-12)　　　　　　　　无雾时的对照(1999-01-15)

大雾是一种灾害性的天气现象,主要发生在近地面层,严重的视程障碍威胁着城市道路、高速公路、航空港、海港、航道的安全。2012年11月25日,南宁市全城大雾,导致吴圩国际机场全天有近60个进出港航班被取消,约4000名旅客滞留,多个航班备降外地机场,经济损失十分严重。2012年11月26日早晨7时许,大雾天气致京台高速泰安至宁阳段发生22起交通事故,约120余辆车发生连环相撞,事故造成7人死亡、35人受伤。2012年2月22日15时,长江江苏段内多段江面因大雾封航超过30小时,数千条船舶停滞在码头或锚泊区,给长江船舶的航行、停泊和作业安全带来了严重影响。1990年春,大雾造成京津唐电网大面积发生污闪、跳闸,严重影响向首都供电。因而,一次大雾的出现会造成机场的重大损失,被雾围困的高速公路、航道上会发生毁灭性的事故(吴兑等,2001a)。雾和空气中的污染物质结合在一起还会对人的生命造成重大的威胁,像世界上著名的"伦敦烟雾事件"就是一个十分典型的个例。1952年的12月4日,原本晴朗的天空,渐渐变得灰蒙蒙的,伦敦的风速逐渐转小。12月5日,伦敦的风速几乎为零,整个城市被连日不散的雾气紧紧包裹,在半径 32.2 km 范围内烟云密布,能见度最小在 1 m 之内,引起多宗汽车、火车、轮船碰撞事件。此后的 3 天情况持续恶化,可吸入颗粒物浓度达到了 $3000 \sim 14000 \ \mu g/m^3$,二氧化硫浓度比正常情况高出 7 倍。官方统计,在烟雾封城的 5 天中,共导致 5000 多人死亡,之后的两个月内又有 8000 多人相继死亡。

霾本来是一种自然现象,随着人类活动影响的加剧,近年来霾的出现频率越来越高,而霾出现时,所见之处朦朦胧胧,能见度明显恶化,所居之地混混浊浊,空气质量明显下降。人们形象地说:"夜晚难见到星星,白天难看到太阳。""霾"字最早出现在甲骨文中,《诗经·邶风·终风》里有"终风且暴"、"终风且霾"、"终风且曀"的诗句,这里即是说大风吹起了尘土。"霾"字的古义就是"尘",它还有一个通假字"霾",其实比我们现在使用的"霾"字更通俗易懂。古籍《尔雅·释天》对霾的解释是"风而雨土曰霾";《说文》对霾的解释是"风雨土也";《毛传》对霾的解释是"霾,雨土也";《竹书纪年》也载有"帝辛五年雨土于亳"的记录,这里的"雨"字是动词,表示"落"、"降"、"下"的意思,"雨土"就是"降尘",所以用现代汉语来解释,大致是"刮风落土就是霾"。因而,古人的"霾"泛指了今天的"扬沙"、"尘卷风"、"沙尘暴"、"浮尘"等天气现象。当时,在中原的陕西、山西、河南、河北,这些现象并不少见,而这些现象都是现代天气现象"霾"的前身。至于"狸"字的异体字"貍"字有两个读音,作为一种动物,读 li(音离);而读 mai(音埋)时,"貍沈"(音埋沉)一词指古人祭祀山林川泽,"貍"指祭祀山林,即将祭品埋入土中,因而与土关系密切。"霾"字上下分开就是"落土、降土、下土"之意,可见祖先造字之严谨和玄妙(吴兑,2011,2012b)! 另外,火山爆发、森林大火、人类活动排放的气溶胶污染也能形成"霾"。国家气象行业标准 QX/T 113—2010(中国气象局,2010)将受到人类活动显著影响的霾称为灰霾。

空气中的矿物粉尘(土壤尘、火山灰、沙尘)、海盐(氯化钠)、硫酸与硝酸微滴、硫酸盐与硝酸盐、有机碳氢化合物、黑碳等粒子也能使大气混浊,视野模糊并导致能见度恶化,如果水平能见度小于 10 km 时,将这种非水成物组成的气溶胶系统造成的视程障碍称为霾(Haze),香港天文台和澳门地球物理暨气象局称之为烟霞(Haze)。霾与雾的区别在于,发生霾时相对湿度不大,而雾中的相对湿度是饱和的(如有大量凝结核存在时,相对湿度不一定达到 100% 就可能出现饱和)。霾的厚度比较厚,可达 1～3 km,霾的日变化一般不明显。霾与雾、云不一样,与晴空区之间没有明显的边界,霾粒子的分布比较均匀,因而在霾中能见度非常均匀。而且霾粒子的尺度比较小,从 0.001 μm 到 10 μm,平均粒径在 0.3～0.6 μm,肉眼看不到空中飘浮的颗粒物。因为尘、海盐、硫酸与硝酸微滴、硫酸盐与硝酸盐、黑碳等粒子组成的霾,其散射波长较长的可见光比较多,所以霾看起来呈黄色或橙灰色(图 3.3 至图 3.6)。由于在城市严重空气污染地区,霾可以频繁出现,而且城市污染大气气溶胶中有许多黑碳粒子,因而霾主要呈橙灰色(吴兑,2005,2006,2008a,2008b)。灰霾天气(图 3.7,图 3.8)已经成为我国东部城市群区域一种严重的灾害性天气现象。

图3.3　广州2003年11月2日
上午严重灰霾时的照片
（远景是白云山）

图3.4　广州2003年11月3日
上午无灰霾时的照片
（远景是白云山）

图3.5　2005年11月1日在北京
3000 m上空看到的霾层

图3.6　2005年11月8日在广州
3000 m上空看到的霾层

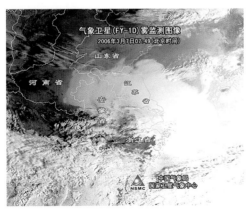

图3.7　气象卫星监测到的我国黄海、东海北部、江苏、安徽
等地的雾图像（图中浅灰色区域）

图 3.8 气象卫星监测到的我国华南、江南西部等地的霾图像

(2003 年 11 月 3 日 TERRA 卫星 MODIS 探测器 500 m 分辨率)

3.2 PM$_{2.5}$与灰霾、雾的关系

PM$_{2.5}$浓度的增加,直接导致灰霾天气频发和雾中有毒有害物质的大幅增加。虽然 PM$_{2.5}$只是地球大气成分中含量很少的组分,但它对空气质量和能见度等有重要的影响。与较粗的大气颗粒物相比,PM$_{2.5}$粒径小,富含大量的有毒、有害物质,且在大气中的停留时间长、输送距离远,因而对人体健康和大气环境质量的影响更大。

由于经济规模迅速扩大和城市化进程加快,大气气溶胶污染日趋严重(图 3.9),由气溶胶造成的能见度恶化事件越来越多,这些人类活动排放的污染物,包括直接排放的气溶胶和气态污染物通过化学转化与光化学转化形成的二次气溶胶,可形成灰霾,致使能见度下降。也有人将其称为烟尘雾、烟雾、干雾、烟霞、气溶胶云、大气棕色云(吴兑,2012b;吴兑等,2006a,2006b,2007a,2010)。

非常简洁地描述灰霾天气,就是"细粒子气溶胶粒子在高湿度条件下引发的低能见度事件"(吴兑,2012b)。

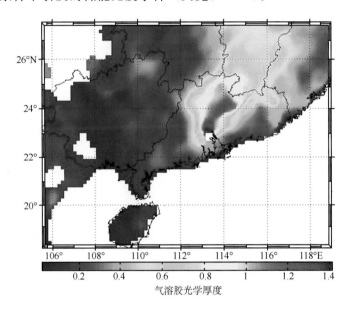

图 3.9 卫星遥感资料(2007-08-31)显示珠三角气溶胶污染严重(谭浩波等,2009)

灰霾的出现有重要的空气质量指示意义。通过分析 1951—2005 年全国 743 个地面气象站的资料,对霾的长期变化趋势有如下认识(吴兑等,2010):1956—1980 年,全国年霾日都比较少,仅四川盆地和新疆南部超过 50 天;1980 年以后,全国年霾日明显增加,到 21 世纪,东部大部分地区几乎都超过 100 天,其中大城市区域超过 150 天。年霾日排在前 10 位(日数相同的亦同时并列列出)的依次是辽宁沈阳,河北邢台,重庆市区,辽宁本溪,陕西西安,四川成都、遂宁,湖北老河口,新疆和田、且末、民丰,四川内江,主要集中在辽宁中部、四川盆地、华北平原、关中平原以及受沙尘暴影响较多的南疆地区。就全国而言,12 月和 1 月霾天气日数明显偏多,两个月霾日数的总和达到了全年的 30%;9 月霾天气日数最少,约占全年的 5%。具有霾日增加变化趋势的站点主要分布在东部和南部,包括华北、黄淮、江淮、江南、江汉、华南以及西南地区东部,是我国东部一些经济和工业比较发达的地区。具有霾日减少变化趋势的站点主要分布在东北、内蒙古和西北地区东部,这些地方的经济和工业水平相对滞后,东北地区虽为老工业基地,但近年来工业结构的调整和环境治理的改善使当地的霾日数逐渐减少(吴兑等,2010)。

目前,我国京津冀、长三角、珠三角等区域性大气复合型污染日益突出,上海、南京、杭州、苏州、天津、北京、广州、深圳等大城市的灰霾现象也较为严重。对于我国经济发达的三大城市群,广州年霾日在 1997 年创纪录地达到 216 天;北京在 1982 年前后达 200 多天;南京则在 2002 年前后,连续几年年霾日超过 250 天。而且,近几年,长三角区域的大气复合型污染已明显超出国内其他地区(吴兑等,2010)。

从图 3.10 到图 3.12 可以看出,全国灰霾最严重的地方是河北邢台,20 世纪 80—90 年代,邢台有些年份出现灰霾的天数甚至达到了 300 天以上。最近几年,杭州和南京出现霾的天数也都在 200 天以上。再看广东,珠江口西侧都是重污染区,佛山尤其严重。同时,北方和南方的空气污染存在一些差异,北方气溶胶中有较多的沙尘粒子,而珠三角地区气溶胶中有机气溶胶比较多。另外,在同样的颗粒物浓度下,南方城市的能见度更差;对于北方的城市,同样的能见度水平可能实际污染程度要比广州严重。因为广州的湿度一般比较大,空气中的细粒子 PM$_{2.5}$ 经过吸湿增长后,散射系数将增加 3～6 倍,能见度自然就明显恶化了(吴兑等,2010)。

我们知道,能见度与大气粒子和气体分子的散射、吸收能力有关,但主要与大气粒子的散射能力关系最密切。如果我们简单地将细粒子按照瑞利散射来处理,那么散射光强主要与入射光波长的 4 次方成反比,与粒子体积的平方成正比,而粒子体积与粒子的尺度和浓度有直接关系。如果入射光波长确定,忽略化学成分和气体的作用,影响散射光强的因子就是粒子的尺度

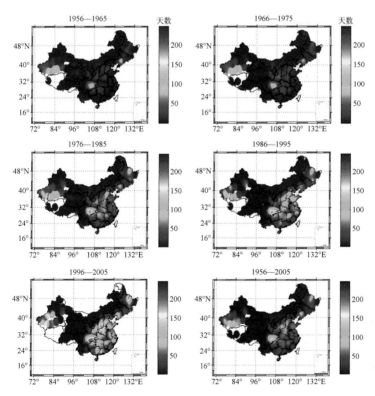

图 3.10　全国霾日分布图

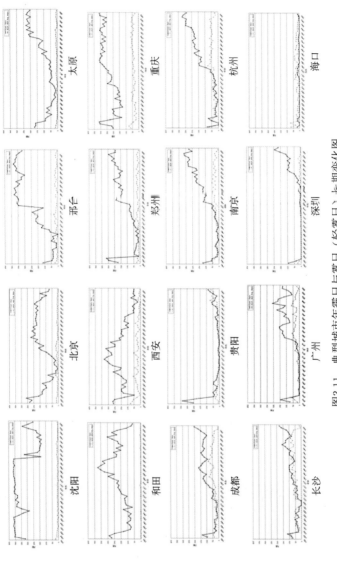

图3.11　典型城市年霾日与雾日（轻雾日）长期变化图

（每幅小图的横坐标是1955—2005年的年份，纵坐标是天数）

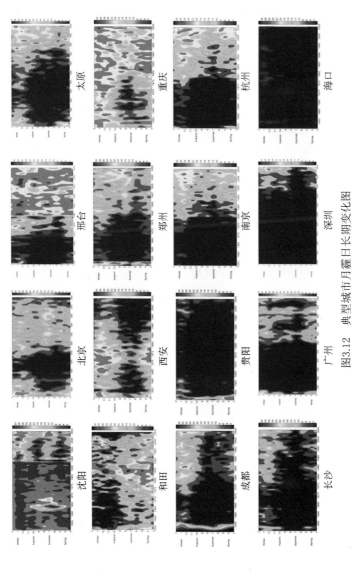

图3.12 典型城市月霾日长期变化图

（每幅小图的横坐标是1955～2005年的年份，纵坐标是月份，色标是天数）

和浓度了。我们在 2003—
2008 年使用德国气溶胶粒子
谱仪（Model 1.180，Grimm
Technologies，Inc. Germany）
在广州观测的气溶胶谱分布
资料（Wu 等，2005，2006，
2009）显示，每升空气中，
10 μm 粒子的数量有 25 个，
2.5 μm 的粒子有 2500 个，
1.0 μm 的粒子有 17000 个，
0.25 μm 的粒子有 9×10^6
个，巨粒子与亚微米粒子数

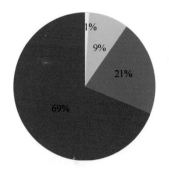

图 3.13　不同粒径气溶胶对能见度
恶化的贡献率（引自 Deng 等，2008）

（灰色是黑碳气溶胶吸收的贡献率，红色
是 0.25～1.0 μm 气溶胶散射的贡献率，绿色
是 1.0～2.5 μm 气溶胶散射的贡献率，黄色是
2.5～10 μm 气溶胶散射的贡献率）

量相差 10^6 倍，气溶胶粒子谱峰值粒径是 0.28 μm，平均粒径是
0.31 μm，因而能见度的恶化主要与细粒子关系比较大，尤其是
较重气溶胶污染导致低能见度事件出现时，细粒子的比重会更
大。从图 3.13 可以发现，0.25～1.0 μm 的粒子对能见度恶化
的贡献率是 69%，黑碳粒子对能见度恶化的贡献率是 21%，两
者相加已经贡献了 90%，而 2.5～10 μm 粒子对能见度恶化的贡
献率只有 9%，这就是为什么公众肉眼感到空气污染严重，而监
测的 PM_{10} 质量浓度却达标的原因。正像图 3.14 所表示的，
PM_{10} 对质量浓度的贡献占 90%，而 $PM_{2.5}$ 对数浓度的贡献占
90%，能见度恶化是大量 $PM_{2.5}$ 贡献的。

　　我们使用美国小流量便携式空气采样器（Minivol Portable
Air Sampler，Airmetrics，USA）与德国气溶胶粒子谱仪（Model
1.180，Grimm Technologies，Inc. Germany）观测了 PM_{10} 和
$PM_{2.5}$ 的质量浓度（2003—2005 年），结果显示，PM_{10} 有接近一半

年均值超过国家二级标准（70 $\mu g/m^3$），而 PM₂.₅年均值全部超过国家二级标准（35 $\mu g/m^3$），细粒子浓度甚高。另外，PM₂.₅占 PM₁₀的比重非常高，可达 51％～79％，比我们 20 世纪 80 年代的观测比值 46.8％大得多。可以看到，导致能见度恶化时细粒子的比重比较大，珠三角地区灰霾的细粒子污染特征明显，表2.3 表明珠三角地区细粒子比重是逐年增加的。这就说明，在广州地区的气溶胶污染中，主要是细粒子的污染。细粒子一般与气粒转化相关联，相对于 SO₂气体通过化学氧化形成硫酸盐粒子的慢过程，气粒转化的快速过程是主要由机动车尾气排放的光化学反应前体物（氮氧化物、一氧化碳、挥发性有机化合物）通过紫外线驱动光化学氧化过程，经过烯烃、烷烃、芳烃等参与的复杂反应，使标志物臭氧浓度升高，形成过氧乙酰硝酸酯（PAN），最终形成了有机硝酸细粒子，这正是能见度迅速恶化的原因。

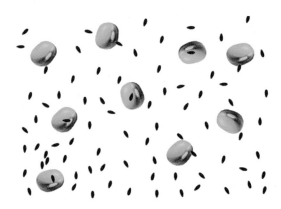

图 3.14　PM₂.₅（用芝麻表示，数量占 90％）与

PM₁₀（用绿豆表示，质量占 90％）示意图

3.3　形成灰霾、大雾等重污染天气的气象条件

形成灰霾天气的内因是细粒子 $PM_{2.5}$ 污染,外因是合适的气象条件。在大气环流相对稳定时期,区域大气层结稳定,不利于污染物的稀释扩散,如图 3.15 的夜间边界层,近地层空气流动(风速)很小,形成气流停滞区;如图 3.16 所示珠三角的例子,在边界层内存在上暖下冷的"逆温层",再加上近地层空气湿度大,各种污染物逐渐堆积,从而形成了灰霾天气(吴兑等,2001a)。

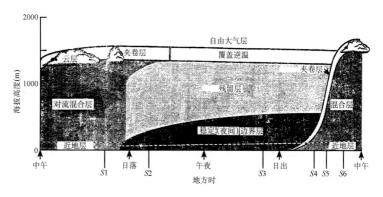

图 3.15　陆地高压区边界层主要包括三层:强湍流混合层、夹有前期混合层空气的弱湍流残留层和有分散湍流的稳定(夜间)边界层。混合层还可以进一步分成云层和云下层(引自 Stull,1988)

在我国东部的城市群区域,近几年随着快速的工业化进程,很多大城市和工业区面临着严重的区域性大气污染引起的能见度下降问题。在大量土地被工业化利用、植被减少、交通工具迅猛增加、乡镇企业蓬勃发展的情况下,这一地区频繁发生的大气污染事件已经引起政府和公众的广泛关注。

我们知道,大气中的污染物主要来源于自然排放和人类活动的排放。而在一段时期内,自然排放和人类活动排放的污染物总量是大致稳定的,但有时出现严重的灾害性霾天气,有时却又是蓝天白云,其中决定性的控制因素就是气象条件。在不同的气象条件下,同一污染源排放所造成的地面污染物浓度可相差几十倍乃至几百倍,这是由于大气对污染物的稀释扩散能力随着气象条件的不同会发生巨大变化。因此,研究气象因子对 $PM_{2.5}$ 造成的灰霾天气的影响,进而科学、有效地预测和控制灾害性灰霾天气,是十分重要和紧迫的研究课题。

国内外已有很多学者从天气形势、逆温层、混合层以及各种气象因子的角度对空气质量进行了大量的研究,但针对灾害性灰霾天气的研究相对不多。我们曾对珠三角地区的灾害性灰霾天气作过一些研究,而且重点分析了 2003 年 11 月初广州发生的一次严重灾害性灰霾天气过程,指出当时珠三角地区处在台风外围,受下沉气流控制,混合层被压低,地面风速很小,$PM_{2.5}$ 细粒子气溶胶不易扩散,从而导致能见度很低,出现了严重的灾害性灰霾天气。

近地层输送条件即地面风场对大气污染物的传输和扩散影响显著,其作用表现在两个方面:一是水平搬运作用,排入大气中的 $PM_{2.5}$ 等污染物在风的作用下,被输送到其他地区,风速越大,污染物移动也越快;二是稀释作用,污染物在随风运移时不断与周围干净的空气发生混合,使污染物得以稀释。珠三角属于南亚热带季风气候区,受季风影响显著,旱季盛行东北风,雨季盛行偏南风。在大尺度季风背景下,它还会受到海陆风、城市热岛环流、翻越南岭下沉气流等的复合影响。

气流停滞区的形成反映了区域平流输送条件是珠三角形成区域性灾害性灰霾天气的主要宏观动力原因。我们自主开发的矢量和等工具可以用来研究区域平流输送条件,为研制珠三角区域灾害性灰霾天气预测预报预警系统奠定了重要基础(吴兑等,2008b;廖碧婷等,2012)。

图 3.16 是灾害性灰霾天气个例,整个珠三角甚至其周围地区近地层风的 120 小时矢量和非常小,污染物的水平扩散条件很差,气流停滞区造成 PM$_{2.5}$ 等污染物的停滞、积累。而图 3.17 是典型清洁对照个例,整个珠三角甚至其周围地区近地层风的 120 小时矢量和比较大,污染物的水平输送条件很好(吴兑等,2008b)。

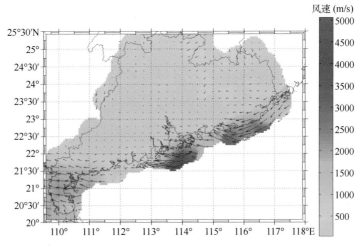

图 3.16　2004 年 1 月 5 日 00 时至 1 月 9 日 23 时近地层风的
120 小时矢量和(灰霾天气过程)

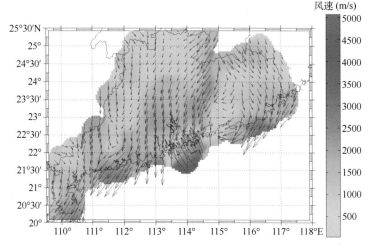

图 3.17　2005 年 11 月 15 日 00 时至 11 月 19 日 23 时近
地层风的 120 小时矢量和(清洁对照过程)

　　灰霾天气出现时,一般都伴随着静风、小风、强日照和合适的相对湿度(60%～85%)。严重的灰霾天气常出现在边界层存在强逆温的情况下,逆温层顶如同一个锅盖,限制其内污染物质的扩散和稀释;此外,城市化、工业化的发展造成下垫面属性改变,也使得城市大气边界层的物理结构发生变化。总的来说,扩散条件不好、空气流动性不强、风速不大,使城市中各种污染物无法得到及时扩散,并在近地面积聚,若再加上日照强烈、湿度合适,污染物之间就容易发生各种光化学反应,最终导致灰霾。

　　高浓度的 PM₂.₅ 会使雾中的有毒有害物质大幅增加,2012年冬春之交华北与长江下游大城市出现的严重空气污染风波均与雾关系密切。

　　自然界中,霾和雾是可以互相转化的,当相对湿度增加达到或接近饱和时,比如说辐射降温过程,霾粒子吸附析出的液态水成为雾滴(图3.18);而相对湿度降低时,雾滴脱水后霾粒子又再悬浮在大气中。我国江南、华南地区在春季容易形成湿度较高的天气,霾粒子吸湿后会使能见度恶化,但仅仅是吸湿长大的霾粒子,而不是雾滴,要形成雾滴,要有像凌晨辐射降温那样的过程使液态水析出才行。图3.19就给出了一个典型的例子,我们看到,凌晨由于辐射降温,湿度明显增加,到03时达到98%,对应能见度降低到1.2 km,这时的低能见度是雾滴造成的;08时以后,相对湿度降低到90%以下,能见度仍然维持在5~8 km的较低水平,则是吸湿的霾粒子造成的。实际上,另外一种相似的过程在华南春季常常能看到,预报员称之为"回南天"。出现这种天气时,人们可以看到墙壁和地面都像出汗一样湿淋淋的,一般都解释是空气潮湿,但是空气潮湿并不能形成液态水,要有液态水析出,需要一定的温差。实际上,经过较长时间的低温天气回暖时,建筑物的温度由于热滞后效应,与空气温度形成了较大的温差,使得潮湿空气遇到冷的墙壁和地面析出液态水,这也是降温才能有液态水从空气中析出的例子(吴兑,2005)。

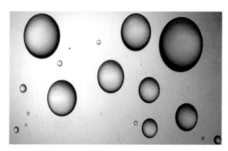 

(a)水雾(典型尺度6~12 μm)　　　　(b)冰晶雾(典型尺度0.4~1.0 mm)

图3.18　雾滴的显微照片(引自郑均华,2005)

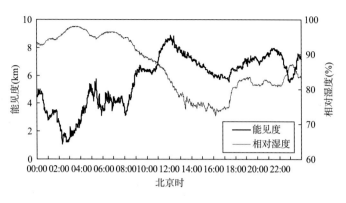

图 3.19　广州 2005 年 3 月 17 日霾与轻雾相互转化的例子

　　雾是通过一定途径使空气中的水汽达到饱和(对凝结核而言)而生成的,它主要受空气温度和水汽条件所制约,也就是通常所说的雾生成必须通过近地面空气的降温和增湿两个途径。

　　雾中的水分包括水汽、液态水滴和冰晶。雾中含水量的增加主要有两个过程:一是增加雾中空气的水分总含量,二是降低空气温度。增加雾中空气的水分总含量也有两个过程:一是下垫面和雨滴的蒸发,二是空气的水平输送和垂直输送。降低空气温度的方式有三种:辐射冷却、平流冷却及由于空气的垂直运动而引起的绝热膨胀冷却。

　　在陆地上,空气的增湿作用往往不容易满足,降温的途径倒是很多,人们常常看到空气冷却在生成雾的过程中起主要作用。在海雾的形成过程中,尽管蒸发使空气中的水汽量增加较多,但降温作用仍然是主要原因。在大城市,增湿和降温作用对生成雾同样重要。

　　形成雾,必须要低层大气冷却到露点温度以下才可能实现。这种冷却降温是由不同的物理过程引发的,此时必须考虑到边界层的大气受热和冷却作用。

雾的形成和持续、消散,与边界层的结构和演变密切相关,逆温层的存在是雾形成与发展的标志之一,它的增强和减弱影响着雾的发展。反过来,雾的发展又改变了逆温层的结构。分析表明,温度廓线的变化,尤其是强逆温层结构的出现及调整,对雾的形成与发展有重要意义(吴兑等,2004b,2006c,2006d,2007b,2007c,2011f;曹志强等,2008;谢兴生等,2001;樊琦等,2003;万齐林等,2004;邓雪娇等,2002,2007a,2007b)。雾中逆温层的存在为污染物在近地层堆积提供了条件,因而在城市区域出现雾时,往往污染物浓度较平时高出数倍,2011 年 12 月 5 日北京出现大雾时 $PM_{2.5}$ 浓度达到 522 $\mu g/m^3$ 的甚高水平就是明证。

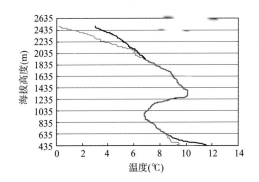

图 3.20　雾中温度的垂直结构

(2001 年 3 月 7 日 17 时南岭大雾过程露点温度——干球温度廓线,
图中细线代表露点温度,粗线代表干球温度)

　　有些人锻炼身体很有毅力,不论什么天气,从不间断。其实,有毅力是好事,但天天坚持也未必正确,比如雾天锻炼就有些得不偿失。雾天,污染物与空气中的水滴相结合,变得不易扩散与沉降,这使得污染物大部分聚集在人们经常活动的高度。而且,一些有害物质与水滴结合,毒性会变得更大,如二氧化硫会变成硫酸或亚硫酸,氯气水解为氯化氢或次氯酸,氟化物水解为氟化氢。因此,雾天空气的污染比平时要严重得多。还有一个原因也需要强调一下,那就是组成雾核心的凝结核很容易被人吸入,并在人体内滞留,而锻炼身体时吸入空气的量比平时多很多,这更加剧了有害物质对人体的损害程度。总之,雾天锻炼身体,对人体造成的损伤远比锻炼的好处大。因此,雾天不宜锻炼身体。

从雾水化学特征(表 3.1)可以看出,这些雾水的 pH 值均比较低,尤其是有的地方达到 3.6,低于目前的酸雨标准(pH<5.6),最大值也仅为 5.6。可见,酸雾现象也十分明显。雾水离子浓度的分布显示,无论是浓度水平还是优势离子成分,不同地域雾水离子成分的差别都是比较大的。广州与重庆的结果较为接近,但广州雾水的离子浓度总体比重庆要高得多,NO_3^- 浓度比重庆高 13 倍,Na^+、Cl^- 浓度比重庆高 4 倍以上,Ca^{2+}、SO_4^{2-} 浓度比重庆高 2 倍以上。南岭与庐山、闽南的情况较为接近,而广州、重庆的各种离子浓度都显著高于南岭、庐山、闽南,这与广州、重庆是重工业基地,存在较严重的空气污染,乃至特殊的地形都不无关系。广州与重庆雾水中 SO_4^{2-}、Ca^{2+} 是浓度最高的离子成分(吴兑,2004b,2008a)。

表 3.1　雾水的化学特征

地区	年份	pH	离子浓度(μmol/L)								
			F^-	Cl^-	NO_3^-	SO_4^{2-}	NH_4^+	K^+	Na^+	Ca^{2+}	Mg^{2+}
广州	2005	5.6	1553	11840	13884	20727	5106	1071	7716	11391	1523
重庆	1984—1990	4.4	1064	2062	992	6450	3307	1020	1486	3685	1483
庐山	1987	5.4	9	26	73	220	323	14	19	106	13
闽南	1993	3.6	29	214	257	395	469	91	344	149	53
南岭	1999—2001	5.5	34	44	97	679	531	134	59	611	21

从表 3.2 可以看出，雾水中的离子浓度比雨水高得多，因而，雾不但造成视程障碍，而且是高浓度污染的微粒，对人体健康十分有害。有雾发生时，雾水中的高浓度污染离子成分会刺激呼吸道黏膜，极易诱发呼吸道疾病。在广州雾水的采集非常困难，常常 48 小时也仅仅收集到 10 mL 水样，对比我们原来在南岭山地收集大雾水样，常常 5 分钟即可收集雾水 60 mL，说明广州地区雾的含水量非常低（吴兑，2004b，2008a），而且广州的雾水水样外观有些像墨汁（图 3.21）。在南京、上海也采集到类似的雾水样品，说明在城市区域，大雾中的污染物浓度是非常高的（图 3.22）。

从图 3.22 可见，雾滴中污染物浓度较高，已经达到饱和出现结晶现象。

表 3.2　广州雨水、雾水水溶性离子成分观测结果与南岭、庐山的比较（吴兑，2004b）

地点	样品	pH	电导率 (μS/cm)	离子浓度(μmol/L)								
				F^-	Cl^-	NO_3^-	SO_4^{2-}	NH_4^+	K^+	Na^+	Ca^{2+}	Mg^{2+}
广州	雨水	4.2	42	18	45	109	246	224	8	23	169	12
	雾水	5.6	3826	1553	11840	13884	20727	5106	1071	7716	11391	1523
南岭	雨水	4.7	22	3	14	8	59	45	18	14	46	3
	雾水	5.5	162	34	44	97	679	531	134	59	611	21
庐山	雨水	4.9		1	12	12	23	67	20	4	11	1
	雾水	5.4		9	26	74	220	323	15	19	107	13

图 3.21　广州雾水水样与同期雨水水样的对比

（左侧满瓶是雨水样品，右侧是雾水样品）

图 3.22　含有污染物雾滴的显微照片（引自郑均华，2005）

第 4 章　PM$_{2.5}$的来源及其危害

4.1　PM$_{2.5}$的来源

　　研究表明,细粒子 PM$_{2.5}$成因复杂,约 50％是来自燃煤、机动车、扬尘、生物质燃烧等直接排放的一次细颗粒物,约 50％是空气中的二氧化硫、氮氧化物、挥发性有机物、氨等气态污染物,经过复杂的光化学反应和化学反应形成的二次细颗粒物。细颗粒物来源十分广泛,既有火电、钢铁、水泥、燃煤锅炉等工业源的排放,又有机动车、船舶、飞机、工程机械、农机等移动源的排放,还有餐饮油烟、装修装潢等量大面广的面源排放。也有一小部分是植物排放的挥发性有机物通过光化学反应转化而来的。

　　灰霾的本质是细粒子气溶胶污染,主要是 PM$_1$,考虑到标准的引用和现阶段的科技发展水平,当前可以界定为 PM$_{2.5}$。

　　在人类活动强度不太大的时候,霾主要是自然现象,霾的前身主要是尘卷风、扬沙、沙尘暴吹起的沙尘,当风速减小之后,有下降末速度的巨大颗粒物很快沉降,留下较细的尘粒子在空中,就会出现浮尘,以上天气现象都可以追溯到明显的沙尘源,再演变下去,经过一段时间,或者高浓度尘粒子远离沙尘源区之后,所谓没有明显能识别的沙尘源时,当层结稳定使尘粒浓度增加到一定程度而影响能见度时,就出现了霾(图 4.1)。

（a）尘卷风（顾兆林/摄，2012）　　　　　（b）扬沙（顾兆林/摄，2012）

（c）沙尘暴（2007 年 7 月 5 日内蒙古　　　　　　（d）浮尘

阿拉善右旗）（李含军/摄，2007）

图 4.1　大气气溶胶自然形成的主要过程

　　另外，霾中也可以有海盐成分，主要来自于海浪泡沫溅散进入大气蒸发后的粒子。当周边地区有台风活动时，会观测到盐核暴现象，即海盐粒子浓度突然大量增加的现象，这是海盐粒子向内陆输送的重要机制。当然，单纯由海盐粒子不足以使能见度恶化到 10 km 以下形成霾，如果这时还有一部分陆源性的尘粒子或者人类活动排放的气溶胶粒子，就比较容易形成霾。

自然界中也有一种由于植物排放的挥发性有机物经过紫外线照射发生光化学反应生成 $PM_{2.5}$ 的特例,如生长在澳大利亚悉尼附近的蓝山山脉的各类桉树,它们会释放出大量以芳香烃为主的挥发性有机物,这些有机物经紫外线照射后会发生复杂的光化学反应,并生成单萜烯等物质,进而生成细粒子气溶胶 $PM_{2.5}$,它们大量聚集,呈淡蓝色,因而称"蓝霾",这条山脉也被称为"蓝山"。

城市中的灰霾则是由另一种原因造成的,那就是人类的活动。比如,我国北方城市冬季的早晨和晚上正是锅炉供暖的高峰期,大量排放的烟尘悬浮物和汽车尾气等污染物在低气压、风小的条件下不易扩散,与低层空气中的水汽相结合,比较容易形成灰霾,而这种灰霾持续时间往往比较长。

不过,现在,我国东部很多大城市交通源排放的尾气对大气污染的"贡献"已经超过工业排放,占到了第一位。中国科学院广州地球化学研究所研究表明,珠三角主要城市中,交通源的排放对大气颗粒物,尤其是细粒子颗粒物的贡献率为 $20\% \sim 40\%$,但是,不管是 20% 还是 40%,在所有排放中都居第一位。其次才是能源、大工业排放。因此,在车辆繁忙的交通要道,灰霾会显得尤其严重,能见度比其他地方更低。当然,这里所说的交通源还包括轮船和飞机。在城市中,我们对污染感受最深的是汽车尾气。其实,轮船和飞机排放的尾气,也是十分严重的污染源。举例来说,一艘轮船从马六甲海峡到中国南海,接着到台湾海峡,再到韩国、日本,在如此长的航程中,轮船需耗油上千吨,实际排放的污染物量是很大的,况且船用柴油的品质较差。而飞机的尾气排放是立体的,它能从一万多米高空一直排放到地面,所以影响就更大了。

综合而言,形成灰霾的 $PM_{2.5}$ 来源主要是机动车尾气、工业排放、生物质焚烧、餐饮油烟、二次扬尘和光化学烟雾的二次转化(图 4.2)(吴兑,2012b)。

(a)机动车尾气(引自 www.cjyjp.com)

(b)工业生产

(c)生物质焚烧(秸秆焚烧)

(引自 bbs.hongze.gov.cn)

(d)餐饮(引自 www.xbsb.com.cn)

(e)二次扬尘

(f)光化学烟雾(二次转化)

图 4.2　人类活动排放气溶胶的主要过程

其中,大部分 $PM_{2.5}$ 不是直接排放的,而是人类活动排放的气态污染物通过化学转化和光化学转化形成的二次气溶胶。自然界也存在这个过程,比如前述澳大利亚悉尼附近的蓝山山脉。

早期的气溶胶污染应该与直接排放的粉尘污染相关。进入二氧化硫污染时代,二氧化硫经氧化形成的硫酸盐粒子与直接排放的粉尘粒子叠加形成了第二阶段气溶胶污染。而我国大城市目前进入了光化学污染导致能见度恶化的污染时期,这是运输业高度发展后,机动车尾气污染引发的光化学污染出现,再叠加上直接排放的粉尘和硫酸盐粒子,进入了复合型大气污染时代,这也使得灰霾频繁出现。

$PM_{2.5}$ 的化学成分与来源在不同城市间的差异比较大,这与城市的功能定位、发展水平及气候背景都有关系。但我国东部大城市的 $PM_{2.5}$ 组成体现了伦敦煤烟型和洛杉矶光化学烟雾型污染的混合特征。

北京大学唐孝炎院士主持的相关课题对珠三角 $PM_{2.5}$ 化学成分进行分析后发现,二次有机物(POM)占 34.8%,硫酸根和硝酸根粒子共占 31.3%,其中有机物、硫酸根粒子、硝酸根粒子等均属二次气溶胶(细粒子)。可以看出,二次气溶胶在 $PM_{2.5}$ 中的贡献超过 50%,是 $PM_{2.5}$ 的主要组成成分。针对深圳市灰霾天气的分析研究则进一步追溯了二次气溶胶的来源(图 4.3):$PM_{2.5}$ 主要来自二次硫酸盐、机动车尾气排放、生物质燃烧和二次硝酸盐,而土壤扬尘等的贡献则不大。

广州的情况有所不同(图 4.4),$PM_{2.5}$ 通常可以占 PM_{10} 的70%以上。以旱季为例,在 $PM_{2.5}$ 中,机动车的贡献最大,占26%;其次是燃煤电厂排放的二次气溶胶(硫酸盐＋硝酸盐),约占 20%;工业排放占 13%;生物质燃烧与土壤扬尘的贡献各占 11%。

北京因有明显的采暖季节,冬季和夏季差别比较大(图 4.5,图 4.6)。冬季,燃煤的贡献非常大,约占 38%,二次气溶胶约占 18%,

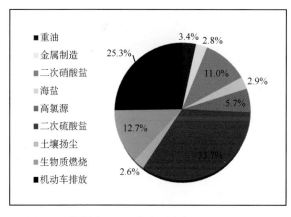

图 4.3 深圳市 PM₂.₅ 的主要来源(引自胡敏,2011)

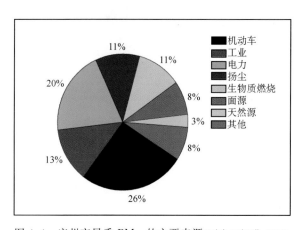

图 4.4 广州市旱季 PM₂.₅ 的主要来源(引自王新明,2012)

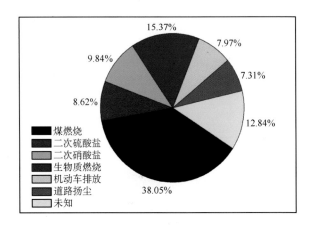

图 4.5 北京市冬季 $PM_{2.5}$ 的主要来源(引自宋宇,2007)

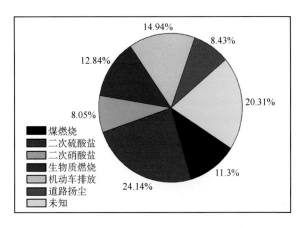

图 4.6 北京市夏季 $PM_{2.5}$ 的主要来源(引自宋宇,2007)

生物质燃烧约占 15%,机动车排放约占 8%,道路扬尘约占 7%。而在夏季,二次气溶胶的贡献非常大,约占 32%;机动车排放约占 15%;生物质燃烧接近占 13%;燃煤仅约占 11%;道路扬尘约占 8%。这与冬季完全不同。

4.2 PM$_{2.5}$对人体的危害

2011年10月以来,北京、南京等地连续多天出现了灰霾天气,北京儿童医院一号难求,各大医院呼吸科人满为患。研究表明,灰霾很可能取代吸烟,成为肺癌头号致病"杀手",这也让大家对灰霾的危害格外关注。

研究表明,气溶胶细粒子可对人体呼吸系统、心血管系统、免疫系统、生殖系统、神经系统和遗传系统产生有害影响,但机制非常复杂,目前很多影响和机制尚不清楚。

气象专家和医学专家认为,由细颗粒物造成的灰霾天气对人体健康的危害甚至要比沙尘暴更大。图4.7表明,粒径10 μm以上的颗粒物,会被人的鼻腔阻隔。粒径2.5～10 μm的颗粒物,能够进入上呼吸道,但部分可通过痰液等排出体外,另外也会被鼻腔内部的绒毛阻挡,对人体健康危害相对较小。而粒径在2.5 μm及以下的细颗粒物则不易被阻挡,最新医学研究成果证明,细粒子绝大部分能通过人体支气管,直达人体肺部,甚

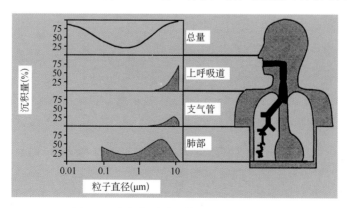

图4.7 大气灰霾对人体呼吸系统的影响

至可以直接进入人体血液循环，所以当灰霾天气出现时，细粒子所携带的污染物，不仅可能损伤支气管黏膜，引发感染，而且还会加重慢性阻塞性肺炎、哮喘、过敏性鼻炎等呼吸系统疾病，以及诱发动脉硬化、心律不齐等心血管疾病和神经系统疾病。卫星监测显示，中国人口密集地区大气气溶胶细粒子 $PM_{2.5}$ 含量比欧洲、美国东部等地区高出约 10 倍。在广州召开的一次大气环境高端论坛上，著名呼吸病专家钟南山院士更公开表述：通过对年龄超过 50 岁的广州病人进行肺部检查，发现无一不是"黑肺"。

高浓度的气溶胶粒子会对人类的 DNA 造成氧化伤害，虽然其生物学机制尚未完全清楚，但统计表明，空气污染在相当大的程度上提高了呼吸道发病率和心肺疾病死亡率。灰霾天气也和肺癌密切相关，例如柴油发动机释放的粒子就含有能诱导有机体突变和致癌的物质。

灰霾还能造成小儿佝偻病高发，因为它阻碍了阳光的紫外线辐射，使人体合成的维生素 D 减少，不能在骨骼中固定足够的钙。而小孩是长身体的时候，需要的钙量非常大，缺钙就会导致软骨病、佝偻病。$PM_{2.5}$ 或者灰霾粒子有没有可能传染病毒呢？SARS、禽流感、猪流感，这三种全球性的瘟疫都说明动物和人之间有相互传的可能。气溶胶可以作为 SARS、禽流感、猪流感病毒的交通工具，因为气溶胶表面可以是凹凸不平的，它的凹面可以有一些水凝结，为病毒提供生存条件。虽然原来认为这三种病毒都是近距离飞沫传播，但是由于气溶胶的存在，病毒可以把气溶胶当"汽车"、"火车"进行远距离传播。比如禽流感，鸟在天上飞，它的排泄物都变成气溶胶，飞来飞去就传染开了。

吸烟是导致肺癌的罪魁祸首，这是一直以来的普遍认识，然而灰霾的真实杀伤力让我们措手不及。2008 年 6 月，在有关灰

霾天气和大气复合型污染的珠江三角洲大气污染防治高峰论坛
上,钟南山院士指出,新中国成立后,我国像胃癌等癌症是明显
减少的,而肺癌却是明显上升的。同时,他认为吸烟率没有明显
的增加。这是很惊人的一件事。灰霾天气的本质就是细粒子污
染,我们从图4.8可以看到,黑碳粒子的大小仅仅是人类红细
胞尺度的百分之一,细粒子可以直接到达人体肺部,由肺泡进
入人体的血液循环系统,然后经过肝、肾器官,再送遍全身,除
了造成呼吸道疾病之外,还能诱发心血管等其他一系列的
疾病。

图4.8　黑碳(左图)粒子的大小仅仅是人类红细胞(右图)尺度的百分之一

受钟南山院士启发,分析广州1954—2005年根据城市观测
站大气能见度资料得到的气溶胶光学消光系数与肺癌死亡率的
关系(图4.9),发现灰霾天气增加后7～8年,肺癌死亡率明显增
加,两者有非常好的7～8年的时间滞后相关(Tie等,2009)。最
近的现场测量显示3/4的光学厚度是由粒径小于1 μm的粒子引
起的。细粒子比大粒子更容易沉积在肺部,因此被认为更容易
引起肺癌。总而言之,统计结果有力地证明了高污染大城市(如
广州)灰霾天气增加和肺癌死亡率之间的关系。为了防止吸烟

导致肺癌,我们可以戒烟,可以设置吸烟室,可以有各种各样的办法拒绝主动吸烟,但是如何阻止被动地受灰霾天气的影响呢?要知道,成年人每天需要呼吸大约 15 m³ 的空气,我们的呼吸系统过滤了多少 $PM_{2.5}$ 呀?

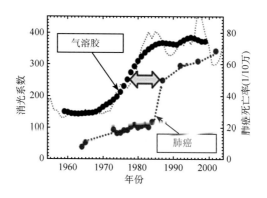

图 4.9　广州 1954—2005 年气溶胶光学消光系数(AEC)与
肺癌(lung cancer)死亡率的关系

第5章 PM$_{2.5}$的监测、预报、预警

5.1 PM$_{2.5}$的监测与数据发布

中国率先系统研究区域灰霾天气的是珠三角城市群。随着快速的工业化进程,中国很多大城市面临着严重的区域大气污染引起的能见度下降问题。珠三角在其中较有代表性,是国内气溶胶污染相当严重的区域。吴兑课题组 20 世纪 80 年代开始进行华南气溶胶研究,对南海盐核源地的研究提出台风活动造成的"盐核暴"是海盐凝结核向大陆输送的有效机制(吴兑等,1990);在国内最早开展气溶胶质量谱与水溶性成分谱研究(吴兑,1995;吴兑等,1994a,1994b,1995,2001b,2006c;Wu 等,2006)。早期依托华南环境气象特种观测系统建设契机,设计我国热带季风区陆-海-气边界层相互作用综合观测系统。在国内首次建立气溶胶综合观测基地与观测网络,开展珠三角城市群陆-气相互作用与大气灰霾科学试验,引起国内外同行广泛关注。2003 年开始设计建设珠三角城市群大气成分观测站网,2005 年建成 1 个主站和 8 个子站,是国内首个建成的区域(珠三角城市群)大气成分观测站网,研制监控平台,实现对数据的实时质量控制,并建立资料库与数据共享平台。接受客座研究人员共享数据进行开放式研究。综合利用地面监测、卫星遥感、激

光雷达资料与物理/化学/辐射模式开展研究,研究灰霾形成与恶化的物理、化学成因;发现 PM_1、二次气溶胶是决定能见度高低的关键因素;揭示灰霾天气气象控制条件,提出风矢量和、垂直交换系数概念(吴兑等,2006b,2007a,2008b,2009,2011a,2011b,2011c;谭浩波等,2006,2009;毕雪岩等,2007;黄健等,2008;陈静等,2010;陈欢欢等,2010;廖碧婷等,2012;Wu 等,2005,2006,2009;Tie 等,2009)。研发并构建"珠三角大气灰霾预测预报预警系统",实现业务化运行,为国内首次发布灰霾预警信号提供了技术支撑。还分析了灰霾长期变化趋势,提出了灰霾科学判别标准,制定了灰霾观测和预报业务标准(吴兑,2003a,2003b,2005,2006,2008a,2008b;吴兑等,2006a,2010)。

高浓度细粒子气溶胶导致的能见度降低及相关联的灰霾天气现象是珠三角城市群及周边区域亟待解决的主要大气环境问题。立足综合性科学试验,针对珠三角城市群能见度的变化特征、气溶胶的辐射特性与灰霾的细粒子污染本质进行系统研究,对加强城市群新型复合空气污染形成机制的认识,对治理与改善环境、提供政府决策依据、服务于区域社会经济可持续发展具有重要意义。同时,气溶胶的气候效应研究和环境效应研究是当今国际科技界的热门研究课题,气溶胶的辐射特征也是评估气候变化的重要参数。

珠三角大气成分观测站网及数据共享平台的建设可为我国大气科学和环境科学的发展提供野外观测平台,为气候预测、预估,国家气候与环境外交谈判,以及区域大气污染控制等提供科学依据,亦可为其他区域站网建设提供参考。灰霾天气判别标准的制定,对规范日常业务意义重大。

灰霾预报系统及卫星反演区域气溶胶光学厚度系统(图 5.1),

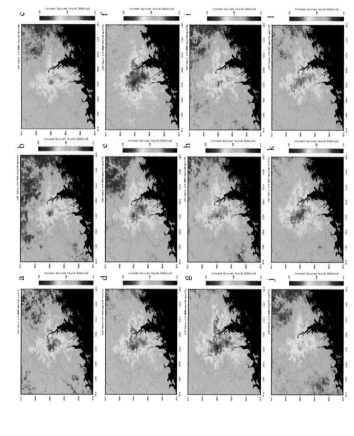

图5.1 MODIS卫星监测珠三角气溶胶光学厚度（2000—2011年）

（字母a到l依次表示2000到2011年）

对防灾减灾有重要意义;也将为政府提供科学决策依据,回应国际上利用亚洲棕色云对中国的指责,提升珠三角在灰霾对区域环境与气候影响方面的主动权和发言权;为区域环境规划和总体环境治理方案提供基础科学事实,发挥重大的环境效益和生态效益。灰霾预报系统具有较好的移植性,可移植到其他省、市、自治区调试运行,如长三角、京津冀地区,以发挥更大作用。此系统已在 2010 年广州亚运会和 2011 年深圳大运会空气质量保障中发挥了重要作用。

灰霾本质上就是细粒子污染,是新型复合空气污染,这一研究结果为政府、公众、媒体正确认识灰霾提供了科学依据。自2003 年灰霾概念被首次使用后,由于政府、公众、媒体重视,阶段性研究成果通过媒体的经常性发布,使得珠三角及港澳公众从不知道灰霾、不认识"霾"字、怀疑灰霾是否空气污染,逐渐认识到灰霾就是空气污染、是新型复合空气污染、其本质是与光化学污染相关联的细粒子污染。政府、公众、媒体就加大力度治理灰霾形成共识,并引起日本、美国、欧洲媒体的广泛关注,发挥了重大社会效益。

长三角城市群的上海市现已建成包括 9 个大气成分观测站和 1 个大气化学实验室的大气成分观测站网,大气成分观测站按不同功能区域、下垫面特征进行布局,如金山站(石化工业区)、宝山站(钢铁工业区)、徐家汇(中心商业区)、浦东(城区大型绿地生态和办公中心区)、崇明东滩(远郊湿地生态区)、崇明城桥(郊区)、佘山天文台(大型自然生态区)、小洋山(深水港区)以及佘山岛(海洋本底区),共有各类在线监测仪器 60 多套,监测项目包括反应性气体(SO_2、NO_x、CO、$VOCs$、O_3、NH_3)、气溶胶(PM_1、$PM_{2.5}$、PM_{10}、BC、散射系数、AOD)以及 O_3 和气溶胶的垂直分布等。大气化学实验室具有气相色谱、分光光度计、色质联用仪以及精密天平等各类精密仪器 30 多台(套),能够分析大气中痕量挥发性有机物 105 种,在 O_3 及其前体物、颗粒物观测、VOCs 分析方面具有丰富的成果。周边地区的苏州建成 2 个站、杭州建成 4 个站,南京正在建设类似系统,初步形成了区域灰霾观测网。

京津冀城市群是环渤海城市群的主体,北京有 2 个大气成分站点,其中上甸子站是区域背景站,是全球区域大气观测站点,宝莲站是位于海淀区的城市大气成分站,分别从 2003 年和 2004 年开始测量。天津地处北方沿海地区,作为环渤海地区的经济中心,近年来经济社会快速发展,城市大气环境不容乐观,天津建立了 1 个大气成分站,地处天津市城区南部,配有 AE-31 黑碳仪、RP-1400a 颗粒物分析仪、MODLE6000 型前向散射能见度仪。

辽宁中部城市群是以沈阳为中心,包括鞍山、抚顺、本溪、辽阳、铁岭、营口 6 个城市的辽宁中部地区,人口密集,工业集中,对辽宁乃至东北的发展起着十分重要的作用,现已成为全国第四大城市群。然而,城市化的高速发展、人口增多、车辆增加等一系列原因使城市群的大气环境质量受到严重影响,辽宁中部城市群的大气能见度在 20 世纪六七十年代就存在过较低的记录,近 20 年又呈总体下降趋势。辽宁中部的沈阳、鞍山、抚顺、本溪 4 个城市的大气成分站于 2007 年 8 月开始正式运行,目前站内设有德国气溶胶粒子谱仪、美国热电的反应性气体监测仪,并已进行 5 年多的连续监测;2009 年 6 月开始利用芬兰 VAISALA FD12 能见度仪、法国 CE 318 太阳光度计和太阳辐射仪等进一步开展大气环境因子的连续在线观测。

在国家层面,中国气象局自 2005 年开始建立了"大气成分观测站网",包括 1 个全球大气本底站、6 个区域大气本底站和 28 个大气成分站,共 35 个台站,重点监测全国重点区域的大气成分,大气本底站开展了包括气溶胶、温室气体、反应性气体、臭氧总量、辐射、降水化学等多种观测,其他站点主要开展了大气气溶胶的多个指标的观测。环境保护部自 2008 年开始,已经建设了 3 个大气背景站,在广东、江苏两省和上海、天津、重庆、广州、深圳、南京 6 个大城市进行"灰霾影响环境空气质量监测试点方案"建设,建成 16 个灰霾监测站。

进入 2012 年,京津冀、珠三角、长三角地区都开始建设包括 $PM_{2.5}$ 在内的监测网络。北京市环境保护监测中心于 2012 年 1 月 21 日率先公布车公庄监测站 $PM_{2.5}$ 的研究性监测数据。公布的第一组数据是从 21 日上午 10 时至 22 日上午 9 时,$PM_{2.5}$ 浓度最高值为 62 $\mu g/m^3$,最低值仅为 3 $\mu g/m^3$,24 小时平均值为 17 $\mu g/m^3$,远低于 WHO 的第一阶段推荐值 75 $\mu g/m^3$ 的限值。数据公布后,如何治理空气污染,则是个复杂而漫长的过程,需要政府和市民共同努力。2011 年,北京的污染防治措施成效显著,完成 1218 蒸吨煤改清洁能源、22.4 万辆老旧车淘汰转出等减排措施。2012 年,北京市全面落实《清洁空气行动计划》,超额完成"煤改气"1200 蒸吨以上、核心区非文保区平房"煤改电"1 万户等减排任务。2012 年 9 月 28 日,北京正式公布 20 个测点的 $PM_{2.5}$ 数据,以每个区县至少 1 个站点为原则,可以初步代表全市各区域的空气质量。北京市民可以随时获知自己所在区县的 $PM_{2.5}$ 实时监测数据。9 月 28 日上午,北京首批 20 个空气质量监测子站的 $PM_{2.5}$ 试运行监测数据开始通过北京市环境保护监测中心的空气质量发布平台(www.bjmemc.com.cn)实时发布。北京市环境保护监测中心方面表示，第二批 15 个站点已于 10 月 6 日开始公布，北京市 35 个站点组成的 $PM_{2.5}$ 监测网络数据也于当日全部实现实时在线发布。该监测中心同时公布了新的空气质量自动监测系统点位分布示意图，首次公布了 $PM_{2.5}$ 监测站点的具体位置（图 5.2）。已经更新的空气质量监测网共 35 个站点（表 5.1），均带有 $PM_{2.5}$ 监测设备，其中，用以进

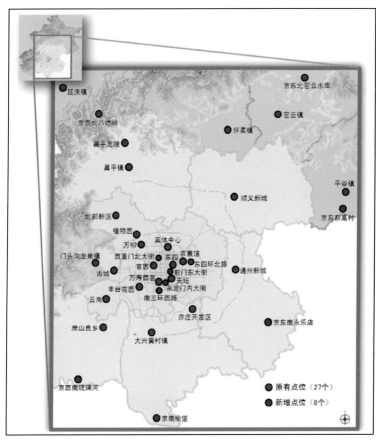

图 5.2　北京市 $PM_{2.5}$ 监测网络点位组成

（引自北京市环境保护监测中心网站）

表 5.1 北京市 PM$_{2.5}$ 监测点构成

(引自北京市环境保护监测中心网站)

城市环境评价点(23个)	城市清洁对照点(1个)
东城东四	昌平定陵
东城天坛	区域背景传输点(6个)
西城官园	京西北八达岭
西城万寿西宫	京东北密云水库
朝阳奥体中心	京东东高村
朝阳农展馆	京东南永乐店
海淀万柳	京南榆垡
海淀北部新区	京西南琉璃河
海淀北京植物园	交通污染监控点(5个)
丰台花园	前门东大街
丰台云岗	永定门内大街
石景山古城	西直门北大街
房山良乡	南三环西路
大兴黄村镇	东四环北路
亦庄开发区	
通州新城	
顺义新城	
昌平镇	
门头沟龙泉镇	
平谷镇	
怀柔镇	
密云镇	共35个
延庆镇	

行城市空气质量评价的"城市环境评价点"有 23 个,进行交通环境监测的"交通污染监控点"有 5 个,用以研究北京和外省 $PM_{2.5}$ 传输的"区域背景传输点"有 6 个,还有 1 个供科学研究所设置的"城市清洁对照点"。

　　珠三角于 2012 年 3 月 8 日在全国率先公布了区域 33 个监测点的网络化 $PM_{2.5}$ 监测实时数据。这是国内首次公布城市群网络化 $PM_{2.5}$ 监测数据,在全国产生了较大反响,取得了很好的社会环境效益。按照《环境空气质量标准》(GB 3095—2012)的要求,广东于 2012 年 6 月 4 日发布了珠三角第二批监测站点的空气质量实况,包括细颗粒物 $PM_{2.5}$ 等 6 种污染物的监测数据。珠三角地区按 GB 3095—2012 的要求实时发布的站点达到 62 个,监测网络的空间覆盖度达到平均每 30 km×30 km 1 个监测站点,提前半年超额完成环境保护部下达的工作任务。在广东环境保护公众网(www.gdep.gov.cn/)上的"广东省环境信息 GIS 综合发布平台",市民可以浏览到 62 个站点按GB 3095—2012 要求监测的 6 种污染物的监测结果,包括 SO_2、NO_2、CO、O_3、可吸入颗粒物(PM_{10})和细颗粒物($PM_{2.5}$);在发布内容方面,不但包含了 6 种空气污染物最近 1 小时平均浓度值(O_3 增加了 8 小时平均浓度值)、最近 24 小时平均浓度值,同时也给出了每个站点的空气质量指数(AQI)以及健康指引。

　　上海市于 2012 年 3 月 8 日公布了 2 个监测点的 $PM_{2.5}$ 研究性数据,于 6 月 27 日开始发布 10 个监测点的 $PM_{2.5}$ 数据。目前,公众可登录上海市环境监测中心网站(www.semc.gov.cn)查询 10 个国控点及全市全部基本项目(6 个指标)的小时浓度、日均浓度和评价结果(AQI),也可通过上海市环境保护局政务微博"上海环境"查看定时发布的 $PM_{2.5}$ 浓度信息。

天津市 PM$_{2.5}$监测数据于 2012 年 4 月在天津市环境监测中心网站（www. tjemc. org. cn）和新开通的天津环境公众网站（www. tianjinep. com）同时发布。此外，在天津市环境保护局门前设置大屏幕显示屏，实时显示天津市环境监测中心测点的环境空气质量监测数据。目前，天津市环境空气质量监测网络设有自动监测站 27 个。到 2013 年 1 月，公众已可通过上述两个网站的"环境空气质量"窗口查询其中 17 个站点全部基本项目（6 个指标）的小时浓度、日均浓度和评价结果（AQI）。

江苏省内各监测点全部基本项目（6 个指标）的监测数据和评价结果（AQI）可通过江苏省环境保护厅网站（www. jshb. gov. cn）获取。

浙江省则通过浙江省环境保护厅网站（www. zjepb. gov. cn）公布 11 个城市的监测数据和评价结果（AQI）。

成都市的相关数据可通过成都市环境监测中心站的官方网站（www. cdemc. org）查询。

河北省唐山市于 2012 年 6 月 1 日开始公布 PM$_{2.5}$研究性监测数据。

山西省太原市于 2012 年 6 月 5 日开始公布 PM$_{2.5}$研究性监测数据。

陕西省西安市于 2012 年 7 月 1 日首次公布了 7 个监测点位的 PM$_{2.5}$试验性监测数据。

湖北省武汉市环境保护局官方网站（www. whepb. gov. cn）于 2012 年 5 月 30 日开始公布 PM$_{2.5}$研究性监测数据，这是我国中部首个大气复合污染监测站的监测数据。

海南省海口市于 2012 年 6 月 5 日起正式对外发布包括 PM$_{2.5}$在内的环境空气质量监测数据。

从 2012 年 9 月 25 日开始,柳州市通过环境保护部门网站每天向社会发布 6 个空气质量监测点位的 $PM_{2.5}$ 监测数据,成为广西首个向社会发布 $PM_{2.5}$ 监测数据的城市。也是京津冀、长三角、珠三角以外第一个发布 $PM_{2.5}$ 监测数据的非省会城市。

环境保护部环办〔2012〕81 号文发布《空气质量新标准第一阶段监测实施方案》(下称"《方案》"),按照《方案》设计,第一阶段要在京津冀、长三角、珠三角等重点区域以及直辖市和省会城市、计划单列市开展《环境空气质量标准》(GB 3095—2012)新增指标($PM_{2.5}$、CO、O_3 等)监测。第一阶段(2012 年)监测项目包括 SO_2、NO_2、可吸入颗粒物(PM_{10})、细颗粒物($PM_{2.5}$)、O_3 和 CO 等 6 项监测指标。2012 年 12 月底前,第一阶段实施城市要按空气质量新标准要求开展监测并发布数据。

到 2012 年年底,重庆、合肥、福建等省(市)陆续按照环境保护部要求公布 $PM_{2.5}$ 监测数据。

2012 年全国环境监测工作会议 4 月 10 日在广州召开。环境保护部副部长吴晓青在会上要求,各地一定要将 $PM_{2.5}$ 真实的监测数据发布出去。吴晓青说,包括珠三角城市在内的地区,率先发布 $PM_{2.5}$ 数据后,有公众对数据提出了质疑,说明环保部门的数据缺乏公信力。因此,环保部门一定要成为真实客观数据的追求者和捍卫者。如果发布的数据不真实,将会使数据失去公信力。吴晓青表示,他在调研过程中了解到,技术人员是非常希望将真实的数据发布出去的,但一些局长考虑的问题会更多,面对的压力比技术人员更大,所以可能会作一些技术处理。"我们今后不能再这样,拜托,拜托,拜托各位,真的拜托了!"吴晓青一再强调各地环保部门要保证监测数据发布的准确、客观和中立。

2012 年 11 月 8—11 日，吴晓青副部长在广东调研环境空气质量新标准的监测实施情况时又要求，"确保发布的监测数据准确、可靠，绝不允许对监测数据进行修改，或者掐头去尾、弄虚作假"。

5.2 PM$_{2.5}$的测量方法

目前，PM$_{2.5}$的测量方法有 3 种：石英振荡微天平法、Beta 射线法、光散射法。主要的基于这 3 种测量方法的 PM$_{2.5}$监测仪器之间的误差是可以接受的，也是可以比较的。

光散射法是利用光的散射技术对气溶胶进行测量。相应的仪器利用 31 个通道对粒径在 0.25～32 μm 之间的气溶胶进行测量。基于粒子密度的假设，可以实时计算 PM$_{10}$、PM$_{2.5}$ 和 PM$_1$ 的质量浓度。国内使用较多的仪器是德国 GrimmModel EDM 180 粒子谱仪（图 5.3），是美国环保署（USEPA）认可的 PM$_{2.5}$监测仪。

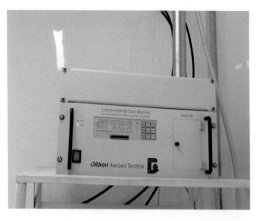

图 5.3 德国 GrimmModel EDM 180 粒子谱仪

石英振荡微天平法颗粒物质量监测仪是基于滤膜实时测量气流中的悬浮颗粒物质量。其原理是吸入周围的空气,以恒定的流速通过滤膜,同时不断利用石英振荡微天平法测量滤膜的重量并近似实时测出颗粒物(PM_{10}、$PM_{2.5}$和PM_1)的质量浓度。国内使用较多的仪器是美国热电 1405 系列(图 5.4 显示的是其中的一个型号),是美国环保署(USEPA)认可的 $PM_{2.5}$ 监测仪。

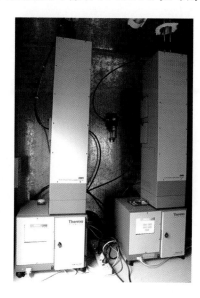

图 5.4　美国热电 1405DF 颗粒物质量监测仪

Beta 射线法 $PM_{2.5}$ 颗粒物监测仪由 PM_{10} 采样头、$PM_{2.5}$ 切割器、样品动态加热系统、采样泵和仪器主机组成。在仪器中滤膜的两侧分别设置了 Beta 射线源和 Beta 射线检测器。符合技术要求的 $PM_{2.5}$ 颗粒物样品气体在样品动态加热系统中相对湿度会被调整到 35% 以下,样品进入仪器主机后颗粒物被收集在可以自动更换的滤膜上。随着样品采集的进行,滤膜上收集的颗粒物越来越多,颗粒物质量也随之增加,此时 Beta 射线检测器检测到的 Beta 射线强度会相应地减弱。由于 Beta 射线检测器的输出信号能直接反映颗粒物的质量变化，仪器通过分析 Beta 射线检测器的信号变化得到一定时段内采集的颗粒物质量数值，结合相同时段内采集的样品的体积，最终报告出采样时段的颗粒物浓度。国内使用较多的仪器是美国热电 5014i 型（图 5.5）与 MetOne BAM-1020 型 Beta 射线颗粒物监测仪，都是美国环保署（USEPA）认可的 $PM_{2.5}$ 监测仪。

图 5.5　美国热电 5014i 型 Beta 射线颗粒物监测仪

标准限值应该适应国情和发展阶段。GB 3095—2012 的 $PM_{2.5}$ 限值符合我国经济发展水平和空气污染现状。

5.3　$PM_{2.5}$ 的预报

相对于监测，光化学烟雾和灰霾天气的预报起步较晚。2000 年以来，中国气象局广州热带海洋气象研究所、广东省环境保护监测中心站、北京大学等单位在珠三角地区多次监测到严重的光化学烟雾污染、区域大气污染和大气灰霾现象。已有监测结果显示，秋季，在城市下风向地区，如在广州番禺万顷沙—南沙—新垦一带、中山市部分地区，在不利天气条件诱发下，光化学烟雾污染现象相当突出。更为严峻的事实是，伴随光化学烟雾污染和区域大气污染，珠三角地区往往出现广泛地区的大气灰霾现象，导致大气能见度严重下降。光化学烟雾含有有毒物质，对人体有极大的危害性，受害严重者可出现呼吸困难、头晕甚至血压下降、昏迷不醒。长期慢性伤害还可引起肺功能异常、支气管发炎、肺癌等更严重的疾病。

类似于天气预报，光化学烟雾的预测预报有助于人们提前安排自己的日常生活和活动，从而减少与有害大气的接触，降低与大气污染相关的疾病的发生。尽快研制并建立一个先进的适用于珠三角地区的光化学烟雾污染预报预警系统，为公众的生活、工作、出行及活动安排提出指引和建议，切实保证公众健康，为政府污染治理调控提供决策依据，也是极为迫切的。

目前，国内在业务上作光化学烟雾污染预报的较少，相关的空气质量预报大多是使用统计模式，而统计模式大致上能预报出污染物短期变化趋势，但对造成光化学烟雾污染的科学机理缺乏充分的考虑，也并不能提供逐时的高时空分辨率的预测产品（吴兑等，2004a）。更重要的是，在气象背景与污染物排放发生突变的情况下，统计模式不能提供可靠的预测结果，预报产品不能满足当今空气质量预报和评估的需求。国内外也有一些单位在业务上使用数值模式对光化学烟雾及相关的空气质量进行预报，但在珠三角区域所采用的是洲际排放源清单，分辨率较粗，预报的污染物种类较少，难以提供珠三角地区精细化的预报产品,不能满足珠三角城市群对光化学烟雾污染精细化预报的需求。

广州是全国率先对灰霾天气进行预报、预警的城市,也是全国首先发布预报、预警信号的城市。从结果上看,取得了一些进展。北京、上海以及河北也相继建立了类似的预警机制,但广东是经过省人大立法批准的,服务效果比较好。

中国气象局广州热带海洋气象研究所、华南理工大学和广东省环境保护监测中心站在珠三角地区建立了耦合气象预测模型 MM5、大气排放源清单时空分布分配模型 SMOKE 和大气光化学质量模型 CMAQ 组成的空气质量模式系统。编制了较全面的高精度时空分辨率的珠江三角洲 2006 年大气排放源清单,以 SMOKE 模型为基础,研制了适用于珠三角地区的时空分配模型 SMOKE-PRD 系统,同时利用本地常规及非常规气象资料,将气象预测模型、大气排放源清单时空分布分配模型、大气光化学质量模型集成为一个光化学烟雾污染的预测预警系统,是华南第一家业务运行的同类系统,在国内首次提供了珠三角 $PM_{2.5}$、O_3、能见度、灰霾指数、PM_{10} 等 13 种要素的 24~72 小时预测和预报产品。该模式系统支撑了 2010 年广州亚运会和 2011 年深圳大运会两次重要运动会的空气质量保障与预报预警工作(邓涛等,2012)。

5.4 灰霾和大雾天气的预警

为贯彻实施《广东省突发气象灾害预警信号发布规定》(广东省人民政府 105 号令),做好广东省突发气象灾害预警信号的发布工作,广东省气象局相继制定了《广东省观测雾、轻雾和霾的标准》(图 5.6)和《广东省灰霾天气预警信号发布细则》(下称《细则》)。《细则》主要包括灰霾天气预警信号含义及发布后的确认时间(表 5.2),以及灰霾天气预警信号发布原则。

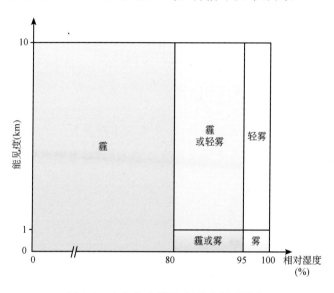

图 5.6　广东省观测雾、轻雾和霾的标准

表 5.2　灰霾天气预警信号含义及发布后的确认时间

信号名称	信号符号	信号含义	确认时间
灰霾天气黄色预警信号	∞ 灰霾 黄 HAZE	12 小时内可能出现灰霾天气,或者已经出现灰霾天气且可能持续	必须至少每 6 小时确认一次预警信号是否要改变(不变、改发、解除。不变情况下只需内部确认)

中国气象局于 2007 年 6 月 12 日发布第 16 号令《气象灾害预警信号发布与传播办法》,其中包括霾和大雾预警信号。

霾预警信号分二级,分别以黄色、橙色表示。

(一)霾黄色预警信号

图标：

标准:12 小时内可能出现能见度小于 3000 m 的霾,或者已经出现能见度小于 3000 m 的霾且可能持续。

防御指南：

1. 驾驶人员小心驾驶；

2. 因空气质量明显降低,人员需适当防护；

3. 呼吸道疾病患者尽量减少外出,外出时可戴上口罩。

(二)霾橙色预警信号

图标：

标准:6 小时内可能出现能见度小于 2000 m 的霾,或者已经出现能见度小于 2000 m 的霾且可能持续。

防御指南：

1. 机场、高速公路、轮渡码头等单位加强交通管理,保障安全；

2. 驾驶人员谨慎驾驶；

3. 空气质量差,人员需适当防护；

4. 人员减少户外活动,呼吸道疾病患者尽量避免外出,外出时可戴上口罩。

中国气象局于 2013 年 1 月 28 日对霾预警信号发布进行了修订：

霾预警信号分三级,分别以黄色、橙色、红色表示。分别对应预报等级用语的中度霾、重度霾和极重霾。

（一）霾黄色预警信号

图标：

标准：预计 24 小时内可能出现下列条件之一或实况已达到下列条件之一并可能持续：

1. 能见度小于 3000 m 且相对湿度小于等于 80%。

2. 能见度小于 2000 m 且相对湿度大于 80%，$PM_{2.5}$ 大于等于 75 $\mu g/m^3$ 且小于 150 $\mu g/m^3$。

3. $PM_{2.5}$ 大于等于 150 $\mu g/m^3$ 且小于 500 $\mu g/m^3$。

防御指南：

1. 驾驶人员小心驾驶；

2. 因空气质量明显降低，人员需适当防护；

3. 呼吸道疾病患者尽量减少外出，外出时可戴上口罩。

（二）霾橙色预警信号

图标：

标准：预计 24 小时内可能出现下列条件之一或实况已达到下列条件之一并可能持续：

1. 能见度小于 2000 m 且相对湿度小于等于 80%。

2. 能见度小于 1000 m 且相对湿度大于 80%，$PM_{2.5}$ 大于等于 150 $\mu g/m^3$ 且小于 500 $\mu g/m^3$。

3. $PM_{2.5}$ 大于等于 500 $\mu g/m^3$ 且小于 700 $\mu g/m^3$。

防御指南：

1. 机场、高速公路、轮渡码头等单位加强交通管理，保障安全；

2. 驾驶人员谨慎驾驶;

3. 空气质量差,人员需适当防护;

4. 人员减少户外活动,呼吸道疾病患者尽量避免外出,外出时可戴上口罩。

(三)霾红色预警信号

图标:

标准:预计 24 小时内可能出现下列条件之一或实况已达到下列条件之一并可能持续:

1. 能见度小丁 1000 m 且相对湿度小于等于80%。

2. 能见度小于 1000 m 且相对湿度大于80%,PM$_{2.5}$大于等于 500 μg/m^3 且小于 700 μg/m^3。

3. PM$_{2.5}$大于等于 700 μg/m^3。

防御指南:

1. 机场、高速公路、轮渡码头等单位加强交通管理,保障安全;

2. 驾驶人员谨慎驾驶;

3. 空气质量很差,人员需加强防护;

4. 人员尽量避免户外活动,儿童、老年人和呼吸道疾病患者应当留在室内,避免体力消耗。

大雾预警信号分三级,分别以黄色、橙色、红色表示。

(一)大雾黄色预警信号

图标:

标准:12 小时内可能出现能见度小于 500 m 的雾,或者已经出现能见度小于 500 m、大于等于 200 m 的雾并将持续。

防御指南:

1. 有关部门和单位按照职责做好防雾准备工作;

2. 机场、高速公路、轮渡码头等单位加强交通管理,保障安全;

3. 驾驶人员注意雾的变化,小心驾驶;

4. 户外活动注意安全。

(二)大雾橙色预警信号

图标:

标准:6 小时内可能出现能见度小于 200 m 的雾,或者已经出现能见度小于 200 m、大于等于 50 m 的雾并将持续。

防御指南:

1. 有关部门和单位按照职责做好防雾工作;

2. 机场、高速公路、轮渡码头等单位加强调度指挥;

3. 驾驶人员必须严格控制车、船的行进速度;

4. 减少户外活动。

(三)大雾红色预警信号

图标:

标准:2 小时内可能出现能见度小于 50 m 的雾,或者已经出现能见度小于 50 m 的雾并将持续。

防御指南:

1. 有关部门和单位按照职责做好防雾应急工作;

2. 有关单位按照行业规定适时采取交通安全管制措施,如

机场暂停飞机起降,高速公路暂时封闭,轮渡暂时停航等;

3. 驾驶人员根据雾天行驶规定,采取雾天预防措施,根据环境条件采取合理行驶方式,并尽快寻找安全停放区域停靠;

4. 不要进行户外活动。

中国气象局正在制定光化学烟雾的预警信号发布办法。

此外,有必要在环境影响评价工作中尽快开展 $PM_{2.5}$ 评价,如何评价 $PM_{2.5}$,还是评价前体物,如 NO_2、总挥发性有机物(TVOC)、SO_2 等,需要进一步思考。二次污染物如何评价,值得商榷,难度比较大。

环境影响评价中急需解决的还有 TVOC、硫化氢、苯系物等的空气质量标准,这目前在我国还是空白。国家应尽快出台相关特征污染物空气质量标准,可以先出行标,不断完善修订,关键是要尽快出台,不怕粗,可以 3～5 年一修订。

GB 3095—2012 颁布实施后,大气环境评价导则的适应性是个急需解决的突出问题,需要尽快修订。评价模式的适用性也需要思考,评价二次气溶胶需要模式有相应的能力,一般评价单位较难具备这种能力。建议环境保护部环境工程评估中心尽快建立评价模式中心,统一对二次气溶胶进行预报、预测(吴兑,2012a)。

第6章 PM2.5的减排

研究证实,PM2.5是形成灰霾天气的主要原因,对PM2.5的控制和减排标志着大气污染治理的特征由主要控制一次污染向加强防治二次污染转变。PM2.5控制的难度很大,目前考虑的是多污染物联合控制方案。在空气质量改善方面,由主要控制一次污染向主要防治二次污染转变是大气污染治理的重大转型。

我国有4个大的灰霾区:首先是黄淮海平原;其次是长三角地区;再就是珠三角地区;还有一个是长江河谷,也就是从川渝到鄂赣的沿长江地带。黄淮海平原到长三角到长江河谷这三个地区是连成一片的,珠三角是相对孤立的。从治理难度来讲,黄淮海平原和长三角要比珠三角治理难度大,珠三角协调好粤港澳就可能有效治理灰霾。

在PM2.5组成成分上,黄淮海平原(如北京地区)的灰霾和沙尘暴还是有一定关系的,起码有一部分是跟沙尘粒子有关。而珠三角地区的灰霾天气主要是人类活动排放的污染物形成的。从这个角度来讲,南方的灰霾对人体的危害比北方要严重,就是因为它是以有机碳氢化合物为主的,需要下更大力气治理。长三角地区的灰霾介乎于黄淮海平原与珠三角之间,比较突出的是还易受到秸秆焚烧的影响。

细粒子PM2.5的排放,除重点行业的排放源外,以下两方面要格外注意:一方面,交通源是细粒子的重要来源;另一方面,溶剂的排放问题也很突出。

6.1 交通源的减排

交通源主要包含三个方面:一个是机动车尾气。机动车尾气直接有黑碳粒子、氮氧化物排放。还有就是碳氢化合物,它和氮氧化物都是光化学烟雾的前体物,交通拥堵汽车怠速行驶时排放更大(图6.1,图6.2)。第二是加油站。所有的加油站和储油罐都存在大小"呼吸"("大呼吸"指装卸油品时排放的高浓度有机气体,"小呼吸"指由于气温日变化造成的有机气体排放),排放了很多挥发性有机物,新的油往里边一灌,污染物就排出来

图6.1　北京北四环交通拥堵时汽车怠速行驶
尾气排放更严重(陈静/摄,2012)

图 6.2　深圳机荷高速公路 2012 年中秋节严重拥堵(赵炎雄/摄,2012)

了。第三个就是轮胎的摩擦。一脚刹车一脚油,轮胎跟地面摩擦,直接排放黑碳气溶胶(图 6.3),因为轮胎就是用橡胶和炭黑制成的。

　　飞机、轮船的尾气排放目前在我国仍然是环境管理的盲区,实际上一个航班起飞需要消耗几吨油,相当于数千辆汽车的消耗,比如空客 A380 从滑行到起飞需要 2 t 航空煤油,波音 B777、空客 A330 大约需要 1 t,大型飞机巡航每小时的耗油量约为13 t。我国北京、上海、广州三大航空港每天进出港航班逾千架次,如果碰到天气不好,大批飞机在低空盘旋等待降落,污染物排放更严重。如 2012 年 11 月 10 日,广州白云机场因雷雨自 17 时至20 时关闭,造成逾百架航班在广佛地区低空盘旋,其中空客A380 飞机在"小蛮腰"(广州电视塔)附近于 1500 m 高度低空盘旋超过 2 小时,仅 1 架飞机就消耗燃油近 30 t。因而,大型机场附近的污染物排放量惊人,而我国现行项目中的环境影响评价体系中对机场建设没有大气环境评价的内容,环保部门对机场的日常监管也不包括航班起降的尾气排放,这为新型复合污染的防控,尤其是 PM$_{2.5}$污染与灰霾天气的形成留下了巨大隐患。建议我国尽快开展机场飞机起降的环境影响评价,尽早制定航空器尾气监控、防治减排措施(吴兑,2012a)。

(a)

(b)

图 6.3 刹车痕表明轮胎与路面摩擦直接排放黑碳粒子

(引自 http://www.ytbbs.com/thread-1395783-1-1.html)

交通源涉及所有者、乘客，还有路网等许多复杂的因素，所以控制它的排放不会像电厂、建材、水泥、石化工业那么单一，其主体很复杂，而且各种技术混杂，且很难一下把旧的高排放的交通工具淘汰掉。政府要控制交通源的排放，其努力要几倍甚至几十倍于工业，困难也是几十倍于工业。所以只能是分步骤分层次分阶段地进行，比如乘用车，政府财政能否补贴差价、发展公共交通、建设轨道交通。作为市民来讲，就要多坐地铁，多用公共交通，少开私家车。

从各级政府的层面，在减少交通排放和拥堵方面，还是下了很大工夫的。现在，有一个比较令人乐观的消息是国家已经安排15个大炼油厂进行升级改造，提升油品质量，将大量供应国Ⅳ、国Ⅴ标准的汽、柴油。油品质量差是造成交通源污染的重要原因，从提高汽、柴油的质量入手，能有效降低汽车的碳排放，这个办法很快就可以看到成效。

其实，交通环保不环保，低碳不低碳，最关键就在于烧什么。比如替代汽油、柴油，有些城市就选择了液化石油气（LPG），有些城市就选择了液化天然气（LNG）和压缩天然气（CNG），后两者本质上是一样的，化学成分主要是甲烷，LPG 的主要成分是丙烷。我们该如何选择下一代交通能源呢？

LPG 对于治理汽车冒黑烟功不可没，是一个阶段性环保措施，但在清洁燃料中，与 CNG 和 LNG 相比，LPG 不是一个节能和环保的燃料，因为其主要成分丙烷在燃烧过程中会消耗更多的氧气，产生更多的二氧化碳，加剧温室效应，这和国家提倡的低碳经济概念明显相悖。而且丙烷比甲烷活泼得多，能参加光化学反应生成更多的细粒子气溶胶 PM$_{2.5}$。

天然气化是发达国家解决能源战略问题和空气污染治理的

利器,也是我国工业化、现代化的方向。我国天然气储量大,并已经开通 4 条石油、天然气战略通道(俄罗斯、中亚、缅甸、马六甲),而且天然气资源耗尽后将由储量更大的天然气水合物(可燃冰、甲烷冰)作为后继能源,本质上还是天然气,原有输运、燃气装置可以继续使用,不必像 LPG 改 LNG、CNG 那样需要重大改装。

从环保能源角度考虑,电动车最环保。这里的电动车指的是电动小轿车、电动公交车,不是现在说的那种助力车。目前,国外有非常完善的充电和蓄电技术,国内也已经有电动公交车和电动小轿车产品问世,但现在要全面换装成电动公交车和电动小轿车,要求城市提供大量的充电站,这个需要大量的投入,代价比较高。所以,现在应该大力推广混合动力公交车和混合动力小轿车。这方面欧美和日本已经有非常成熟的技术,厂商提供的数据显示,其油耗是普通汽车的 40%。在价格上,一辆混合动力小轿车大概比普通小轿车贵三分之一,如果你买混合动力小轿车,政府就给你补上这三分之一,起码让市民买混合动力小轿车和买普通小轿车的成本一致。这个可以听证,可以试点。这在目前来说是比较可行的办法。

另外,路网优化和行车规则优化也非常重要,目的是有效减少怠速行驶。怠速行驶会产生相当高的碳排放和污染物排放,还有前面也提到了,交通堵塞造成的轮胎摩擦也造成黑碳粒子的排放。这方面香港和澳门做得比较好,大量的单行道让交通顺畅,车速保持在 60～80 km/h 的时候,效率最高且排放最小,挂抵挡都是高碳排放。

至于摩托车,科学研究显示,这是污染排放最高的交通工具。有条件的城市应该论证是否"禁摩",确定是全面"禁摩",还是在主城区"禁摩"。

除了路网优化外,主干道的设置要结合当地气象特点,结合主导风向,要利于污染物扩散。顺着主风向,同样是主干道,有了通风功能,那不就事半功倍了吗!

值得一提的是,我国南方水网那么密集,水上客运现在却基本上没有很好地保留和发展,相比于欧洲和北美,这非常可惜。在合理规划的基础上,发展水上交通客运,会更有利于降低路面交通压力,而且水上交通运量大、速度快、碳排放少。

至于交通工具的分担率,分层次地管理会比较好,理想状态是,公众出行有 50% 以上是由轨道交通和快速公交车来完成。城市的基础交通建设需要地上、地下的轨道交通,配合快速公交,有了这三种途径,其他路面的交通拥堵就能缓解。这个"大头"解决后,再对个人出行方式进行倡导,比如少用私家车,换成混合动力车等。

建立立体的综合交通体系,有没有一个样板可供参考呢?瑞典首都斯德哥尔摩的城市交通是三位一体的,比如在长途火车站,下边就会有地铁,拿一张卡,长途火车、地铁、有轨电车、公共汽车、轮船都通用。我们现在也开始向这个方向努力。总体而言,无论新旧交通工具,还是轨道、公路、水路,应全部优化组合成一个整体,把整个城市交通体系作为一个系统来统筹考虑。

杭州市委、市政府在 2009 年 9 月制定的《关于建设低碳城市的决议》中明确了低碳交通的规划,要把杭州打造成"六位一体"公交零换乘城市,建设低碳化城市交通系统。2009 年,杭州有公共自行车 4 万辆,服务点已达到 1600 个,市中心区域大约每隔 300 m 就可以找到公共自行车服务点。另外,杭州准备进一步将服务点增加到 2000 个,公共自行车增至 5 万辆。预计最高日租用量将达到 25 万辆次左右,相当于每天减少 6.2 万余辆小汽车在路上行驶,减少废气污染物 31 t 左右。除了公共自行车,杭州还推行了环保型公交车,这种车型在时速 0~70 km 起步时,是通过纯电驱动,能减少长期低速行驶造成的黑烟。

6.2　溶剂的减排

除了交通源排放,溶剂的排放问题也是重要的。现在最需要控制的就是家庭装修、胶合板制造、家具制造、鞋制造、文具制造、化妆品制造等,这些行业都大量排放挥发性有机物,也叫碳氢化合物。所以,我们每个人要做的就是少化妆,哪怕少用化妆品也行。家庭少装修,能 10 年装修一次就不要 5 年装修一次(吴兑,2012a)。

我们现在面临的是新型复合大气污染,交通源的排放和其他生产溶剂的排放是占很大部分的。所以,2009 年全球金融危机期间,许多加工业工厂都减产、关闭、停产,排放就少了。广州市政府从 2010 年开始采取了 50 项空气污染治理措施,其中汽车尾气治理、加油站治理、溶剂生产和使用企业的治理,这三项都是非常到位的,都是直接针对 $PM_{2.5}$ 和灰霾天气的。

6.3　重点区域重点行业的减排

在环境保护部 2012 年 12 月出台的《重点区域大气污染防治"十二五"规划》中,已将京津冀、长三角、珠三角地区,以及辽宁中部、山东、武汉及其周边、长株潭、成渝、海峡西岸、山西中北部、陕西关中、甘宁、新疆乌鲁木齐等三区十大城市群,作为未来国内大气污染联防联控和多污染物协同控制的重点区域。在"三区十群"将实行更加严格的污染物减排措施,规定了严格的控制污染物新增排放量的具体办法,重点对排放二氧化硫、氮氧化物、工业烟粉尘、挥发性有机物的项目进行监管,实行污染物排放倍量替代措施,实现增产减污。

规划提出采取分区、分行业、分阶段,按重点污染物控制新增排放量,重点行业包括火电、钢铁、有色、水泥、石化、化工等,重点污染物包括二氧化硫、氮氧化物、烟粉尘和挥发性有机物,其中挥发性有机物是我国首次将其作为重点污染物,并明确提出,当 $PM_{2.5}$ 超标时,应控制挥发性有机物的排放量,并创造性地提出"倍量减排替代"的概念,即在重点控制区,重点行业新建项目时,若重点控制污染物超标,区域内现役源的削减量应大于新增量的 200%;重点控制污染物不超标时,削减量应大于新增量的 150%。这将在控制新型复合大气污染,尤其是控制 $PM_{2.5}$ 前体物排放方面发挥重要作用。

6.4 气溶胶组成已经发生重大改变

对比华南地区的气溶胶组分,20 余年来发生了重大变化,从 20 世纪 80 年代末以硫酸根、钙为主(图 6.4),演变为近年以有机碳、铵、硫酸根和硝酸根为主(图 6.5),体现了新型复合大气污染特征。图 6.6 也表明,以标志性离子成分来看,代表地表扬尘、建筑尘的 Ca^{2+} 浓度大幅减少说明了广州市的粉尘污染已经受到控制,而代表新型复合污染的 NH_4^+ 浓度迅速升高则值得我们注意(吴兑,2012a)。

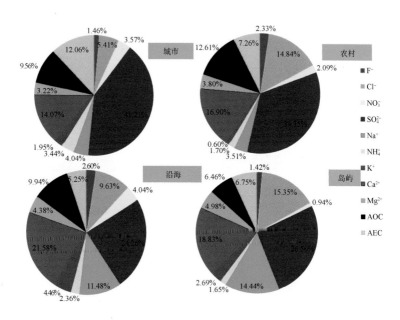

图 6.4　早期华南气溶胶 PM_{10} 组分（1988—1990 年）

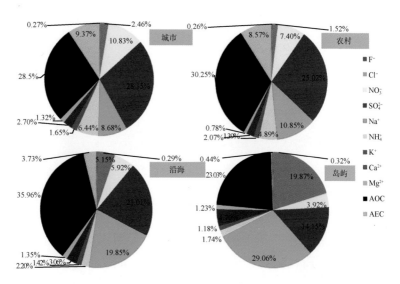

图 6.5　近期华南气溶胶 PM_{10} 组分（2008—2010 年）

珠三角地区经过多年持续的治理,已经收到了明显的成效,PM$_{2.5}$和黑碳气溶胶浓度 8 年来逐年降低(吴兑等,2009a)(图 6.7,图 6.8)。在全国大城市中,广州的 PM$_{2.5}$年均值是最低的,说明只要采取对症下药的减排措施,是可以有效减少 PM$_{2.5}$和黑碳气溶胶污染的(Wu 等,2009)。

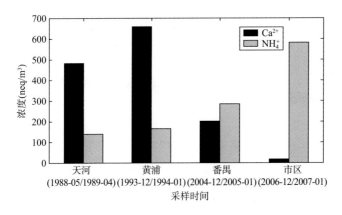

图 6.6　广州气溶胶中 Ca^{2+} 与 NH$_4^+$ 的浓度变化

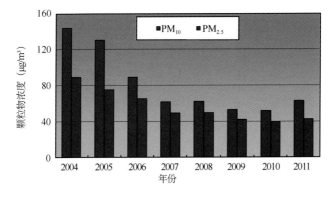

图 6.7　2004—2011 年广州市年平均 PM$_{10}$、PM$_{2.5}$浓度变化

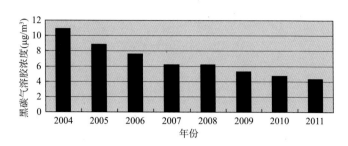

图 6.8　2004—2011 年广州市年平均黑碳气溶胶浓度变化

6.5　PM$_{2.5}$的减排需要控制前体物

PM$_{2.5}$是光化学烟雾的重要产物,其来源主要包括 3 种二次气溶胶:硫酸盐(含铵盐)、硝酸盐(含铵盐)、有机碳;1 种一次气溶胶:黑碳。也包括一部分一次排放的颗粒物。治理 PM$_{2.5}$,核心问题是需要了解颗粒物的来源,搞清楚一次排放与二次污染的关系,化学转化和光化学转化的关系,光化学烟雾前体物、标志物和产物的关系。

图 1.1 给出了气溶胶的谱分布特征,我们看到,粉尘污染的峰值主要在 7~13 μm,称粗粒子模态,这个峰有自然来源,工业化以后主要来自燃煤、建材、冶金、工业炉窑等行业的排放,我国经过 20 余年的消烟除尘治理,成果显著,这个峰已经不明显了。而 0.1~1 μm 的两个峰值,主要与光化学过程和云中非均相反应过程密切相关,是目前主要的颗粒态污染物,治理难度非常大(吴兑,2012a)。

选择治理对象需要与造成目前空气质量隐患的污染物来源相对应。我国已经在过去 20 余年对建筑扬尘、马路扬尘下大力气进行了治理,且成效显著。"弹簧"已经压扁了,再压、再治理,"油水"已经不大。目前阶段应将有限的财力放在治理潜力大的对象上,也就是要着眼于对二次气溶胶的控制。控制二次气溶胶需要从控制前体物入手,二次气溶胶的前体物主要是 NO_x、VOCs、CO、SO_2、氨等,因而需要搞清楚这些前体物的产污环节,制定对症下药的治理措施。控制前体物才能有效控制 $PM_{2.5}$。重点行业是交通、煤电、钢铁、石化、冶金、工业炉窑等(吴兑,2012a)。

具体来说,灰霾天气的调控,需要根据目前认知的灰霾形成机制,对形成超细粒子(PM_1)污染的光化学过程前体物进行调控,细粒子多数不是直接排放的,而是气态污染物转化的,应该以控制前体物为主,主要是 NO_x 与 VOCs,即交通源占首位,其中包括稠密路网、航空港和航道,然后是溶剂的管理控制,以及提高油品质量与储运环节的管理,饮食业油烟的治理也比较重要。而工业排放粗粒子、建筑尘与二次扬尘影响传统概念的空气质量,但对细粒子污染与能见度恶化贡献不大,因而对灰霾天气的调控对策意义不大(吴兑,2012a)。

细粒子 $PM_{2.5}$ 前体物主要来自三部分:交通源、工业等高温燃烧、VOCs。地面扬尘、建筑扬尘都是粗粒子,不是细粒子,治理措施中不宜放在主要位置。对于交通源的控制主要包括三部分内容,首先是提升油品质量——在炼油过程中去除硫化氢、二硫化碳和硫化羰等硫化物,使油品含硫量下降,减少二氧化硫排放。其次就是汽车尾气的控制,主要通过提高机动车排放标准来实现。对于加油站,控制大小"呼吸"导致的油气挥发也非常重要。另外,交通顺畅是重要的减排措施,我国大城市目前路面严重拥堵,一脚刹车一脚油的怠速行驶是高排放的,需要通过优化路网来实现车速正常的低排放行驶方式。对于工业等高温燃烧产生氮氧化物的治理,安排低氮燃烧和末端脱硝都是有效的。挥发性有机物(VOCs)是细粒子的重要前体物,控制装修、喷涂、印刷、化妆品、家具、制鞋等溶剂使用十分必要。对于京津冀、长三角、珠三角这样的大型城市群,灰霾天气(细粒子气溶胶污染)的区域性特征非常明显,区域联防联控是最重要的减排措施(吴兑,2012a)。

　　灰霾天气的本质是细粒子气溶胶污染,过去从不同角度研究气溶胶与能见度的关系,使用资料的时间周期都比较短。我们分析了两年完整的资料,从图 6.9 发现,无论湿度高低,PM_1 与能见度的相关关系都比较好,但是呈现高度非线性关系:细粒子浓度从 20 $\mu g/m^3$ 增加到 40 $\mu g/m^3$ 时,能见度已经从 30～40 km 恶化到略高于 10 km;细粒子浓度达到 80 $\mu g/m^3$ 时,能见度可恶化到 7～9 km;细粒子浓度超过 120 $\mu g/m^3$ 时,能见度进一步恶化反而并不明显。反过来谈对灰霾的治理,即使在经济上作出很大的牺牲,细粒子浓度从 120 $\mu g/m^3$ 治理到 80 $\mu g/m^3$ 时,看不到能见度明显好转,但已经削减了细粒子质量浓度的三分之一;细粒子浓度从 80 $\mu g/m^3$ 治理到 40 $\mu g/m^3$ 时,能见度仅仅好转了 3～5 km,只有治理到小于 40 $\mu g/m^3$,才能使能见度达到十几甚至二十几千米。这就说明,治理细粒子污染是一个漫长的过程,西方发达国家的治理耗时 50 年以上,现在治理得比较好,我们治理细粒子污染,至少需要 20～30 年。如果从 WHO 的 4 个阶段标准推荐值来看,最终达到空气质量准则值,也需要修订标准 3～4 次,耗时 20～30 年(吴兑,2012a)。

　　随着湿度的增加,PM_1 浓度增加后能见度恶化更为显著,当相对湿度大于90％时,能见度的恶化主要是气溶胶吸湿增长增加了消光,而浓度的变化对能见度的影响变得不明显了。

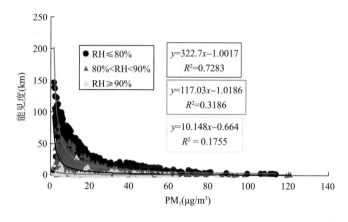

图6.9　不同湿度（RH）条件下 PM_1 与能见度的相关关系

2010年亚运会前后,广州市通过"腾笼换鸟"的产业结构调整,以及重点对汽车油品进行治理,多管齐下大力治理灰霾天气。其中对油品的治理最关键,比如提高汽车尾气排放标准和油品质量标准,不达到国Ⅳ、国Ⅴ或者欧Ⅳ、欧Ⅴ,不许上路;同时投入巨资对市区大小储油罐、加油站进行专项治理,其中仅每个加油站的治理费用就高达数百万元。目前,广州一年的灰霾天数,已由治理前的平均200多天,下降到70～80天。

年近八旬的唐孝炎院士语重心长地指出,关键是要将一些短期措施落实为长期措施,另外还要格外重视 $PM_{2.5}$ 细粒子污染中VOCs污染问题,尽管目前有关臭氧浓度增高的机理还没有研究透彻,但VOCs能在大气中产生无穷无尽的化学反应,导致细粒子增多、灰霾加重,严重损害人体健康已是不争的事实。

环境保护部环发〔2012〕11号文件指出，当前，我国大气污染形势十分严峻，突出表现在大气污染物排放量大、大气环境污染物浓度高、区域性大气复合型污染严重。实施GB 3095—2012、开展监测和公布数据只是解决大气环境问题的第一步，必须大力推进大气污染防治，采取切实措施改善空气质量。近期，环保部门应积极联合有关部门，重点做好以下工作：

（一）开展科学研究，制定达标规划。在抓紧开展监测与信息发布的基础上，组织力量尽快开展达标减排相关科研，摸清规律，明确排放清单和控制对策，针对空气质量改善途径和阶段目标以及相应的控制工程技术进行科学、系统、深入的研究，探索建立辖区大气环境质量预报系统，逐步形成风险信息研判和预警能力，进一步增强大气污染防治科技支撑。未达到环境空气质量标准的大气污染防治重点城市，要制定达标规划报上级部门批准实施。

（二）提高环境准入门槛。严把新建项目准入关，严格控制"两高一资"项目和产能过剩行业的过快增长及产品出口。加强区域产业发展规划环境影响评价，严格控制钢铁、水泥、平板玻璃、传统煤化工、多晶硅、电解铝、造船等产能过剩行业扩大产能项目建设。

（三）深入开展重点区域大气污染联防联控。在京津冀、长三角、珠三角等重点区域实施大气污染防治规划，加大产业调整力度，加快淘汰落后产能。积极推广清洁能源，开展煤炭消费总量控制试点。实施多污染物协同控制，制定并实施更加严格的火电、钢铁、石化等重点行业大气污染物排放限值，大力削减二氧化硫、氮氧化物、颗粒物和挥发性有机物排放总量。

（四）切实加强机动车污染防治。采取激励与约束并举的经济调节手段，加快推进车用燃油品质与机动车排放标准实施进度同步，提升车用燃油清洁化水平。全面落实第四阶段机动车排放标准，鼓励重点地区提前实施第五阶段排放标准。全面推行机动车环保标志管理，加快淘汰"黄标车"，到2015年基本淘汰2005年以前注册运营的"黄标车"。加强机动车环保监管能力建设，强化在用车环保检验机构监管，全面提高机动车排放控制水平。

（五）建立健全极端不利气象条件下大气污染监测报告和预警体系。地级以上城市环保部门要按照《环境空气质量指数（AQI）技术规定（试行）》开展环境空气监测结果日报和实时报工作，为公众提供健康指引，引导当地居民合理安排出行和生活。结合当地实际情况，研究制定大气污染防治预警应急预案、构建区域应急体系，出现重污染天气时及时启动应急机制，实行重点排放源限产限排、建筑工地停止土方作业、机动车限行等应急措施，向公众提出防护措施建议。

减少颗粒物的排放和形成，使灰霾现象减缓，不只要政府努力，我们每个市民都要参与其中。这其实就是和我们所谓的低碳经济、清洁能源和环保生活习惯直接相关联。灰霾的形成和温室气体、气候变化的来源是一致的，根源就是化石燃料（煤、石油、天然气等）的燃烧。所以，我们一定要控制污染，而且不能只治标不治本。早期的粉尘控制、二氧化硫控制、酸雨控制，或者现在的氮氧化物控制，这些都是治标的措施，比如我们国家一直强制执行的脱硫政策。以电厂脱硫为例，是把SO_2通过化学反应转换成CO_2，每脱10万t的SO_2，就增排7万t的CO_2，实际上这是把污染物变了个样,还将对环境造成污染。要想对目前大气环境污染标本兼治的话,脱硫也不是不可以,但现在的脱硫工艺还不完善,应该有进一步的措施。像国外脱硫后,还会进行碳捕集和碳固定,就是把碳捕集起来,封存在废矿井和深海里,这样就既减少了 SO_2 又减少了 CO_2。与国外相比,现阶段国内的环保政策还不够完善,我们的脱硫政策好比是弄了一个"鱼头","鱼身子"和"鱼尾巴"都不要了,"鱼身子"是碳捕集,"鱼尾巴"是碳固定。这也是我国南方城市酸雨现象逐年恶化的原因之一,因为酸雨标准是按碳酸平衡计算的,持续增加大气中 CO_2 的浓度,酸雨很难治理好。在我国的主要环境监测指标中,只有酸雨是逐年加重的,其他都持平或减少,其中的原因与现行脱硫政策有一定关系。不过,国家制定的节能减排政策是对的,节能减排主要目的就是控制碳。只有控制碳,才能控制污染(吴兑,2003b;吴兑等,2008c)。

但是,现阶段我们国家还没有一套有效的控制碳的法律、法规和指标,有的只是控制粉尘、控制硫的相关法律依据,控制氮也只是近期刚刚提出来的,还是纸上谈兵。2012 年 12 月出台的《重点区域大气污染防治"十二五"规划》又提出对挥发性有机物($VOCs$)加强监管,仍然没有提出控制碳排放。国家应该尽早就这些方面进行深入调研,争取出台相应的法律、法规并付诸实施。

关于减排,我们个人其实是有办法参与的,大气污染的本源是碳排放,我们节约能源就行了。比如,空调的温度适度,人走关灯,都可以减少碳排放,也就减少了灰霾的形成。建议各位女士买点价格稍贵的、时髦点的服装,穿的时间长点,别买非常便宜的,三两天一换,或者穿完了就扔,虽然很便宜,但在整个经济循环链条里是非常不环保的。另外，减少纸质文件、纸质交流，因为纸直接跟森林有关系，森林还能吸收 CO_2。还有很多可以注意的地方，这些都是应对气候变化和治理灰霾的简单易行的办法。

第7章 PM$_{2.5}$的个人防护

灰霾天气的本质是细粒子 PM$_{2.5}$污染,因而对于灰霾天气的防护措施也可以用来防护 PM$_{2.5}$污染,《霾的观测和预报等级》(QX/T 113—2010)中规定了不同等级的灰霾天气出现时,相应的防护措施(表 7.1):

表 7.1 灰霾天气分级及防护措施

等级	能见度(V,km)	服务描述
轻微	$5.0 \leqslant V < 10.0$	轻微灰霾天气,无需特别防护
轻度	$3.0 \leqslant V < 5.0$	轻度灰霾天气,适当减少户外活动
中度	$2.0 \leqslant V < 3.0$	中度灰霾天气,减少户外活动,停止晨练;驾驶人员小心驾驶;因空气质量明显降低,人员需适当防护;呼吸道疾病患者尽量减少外出,外出时可戴上口罩
重度	$V < 2.0$	重度灰霾天气,尽量留在室内,避免户外活动;机场、高速公路、轮渡码头等单位加强交通管理,保障安全;驾驶人员谨慎驾驶;空气质量差,人员需适当防护;呼吸道疾病患者尽量避免外出,外出时可戴上口罩

此外,出现灰霾天气,即 PM$_{2.5}$污染严重时,可以改变晨练的习惯,在黄昏时到户外锻炼,这是因为一般来讲,大气边界层

在清晨比较低,污染物在有限空间混合因而浓度比较高,而午后大气边界层较高,混合污染物的空间加大,污染物浓度相对比较低的缘故。

由于灰霾天气条件下,空气中的烟尘和污染物较多,不利于慢性支气管炎和哮喘病人的健康,在这样的空气中停留一定时间后,心脏病和肺病患者症状会显著加剧,健康人群中也会出现不适症状。另外,灰霾天气出现时,由于光线不足,很容易使人的心情忧郁和情绪低落,甚至会诱发抑郁症。

对于个人,首先要注意天气的变化,一旦出现灰霾天气,应尽量减少外出,更不要在这种天气下锻炼身体;要多喝水,并适当在地面洒一些水;在下午空气中 PM₂.₅ 浓度相对较小时开窗换气;心脏病和呼吸道疾病患者应减少体力消耗,少做户外活动;外出时需要戴 N95 型医用口罩(图 7.1);用水打湿窗帘和门帘;注意情绪调节,光线太暗时,尽量打开电灯,听听音乐,尽可能地控制忧郁烦闷情绪,防止疾病的发生。

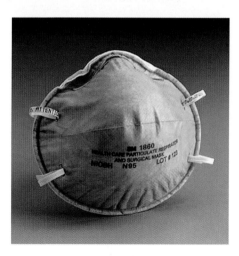

图 7.1　N95 型医用口罩

许多人有晨练的习惯,并且常年坚持、风雨无阻。专家强调,大雾天气不适宜外出晨练。人们晨练时,人体需要的氧气量增加,而雾中的有害物质会侵害呼吸道造成供氧不足,从而产生呼吸困难、胸闷、心悸等不良症状。

乳白色的雾会给人一种洁净的假象,其实雾中聚积着大量污染物,其中的可吸入颗粒物(PM_{10})、SO_2 等污染物正是哮喘、慢性支气管炎的主要诱发因素。所以,不建议在大雾天气晨练。

环境保护部 2012 年 2 月 29 日发布了《环境空气质量指数(AQI)技术规定(试行)》(HJ 633—2012),其中包括各级指数对人体健康的影响情况和建议采取的防护措施(表 7.2)。

表 7.2 空气质量指数(AQI)及相关信息

空气质量指数	空气质量指数级别	空气质量指数类别及表示颜色		对健康影响情况	建议采取的措施
0～50	一级	优	绿色	空气质量令人满意,基本无空气污染	各类人群可正常活动
51～100	二级	良	黄色	空气质量可以接受,但某些污染物可能对极少数异常敏感人群健康有较弱影响	极少数异常敏感人群应减少户外活动
101～150	三级	轻度污染	橙色	易感人群症状有轻度加剧,健康人群出现刺激症状	儿童、老年人及心脏病、呼吸系统疾病患者应减少长时间、高强度的户外锻炼

空气质量指数	空气质量指数级别	空气质量指数类别及表示颜色		对健康影响情况	建议采取的措施
151～200	四级	中度污染	红色	进一步加剧易感人群症状，可能对健康人群心脏、呼吸系统有影响	儿童、老年人及心脏病、呼吸系统疾病患者避免长时间、高强度的户外锻炼，一般人群适量减少户外运动
201～300	五级	重度污染	紫色	心脏病和肺病患者症状显著加剧，运动耐受力降低，健康人群普遍出现症状	儿童、老年人和心脏病、肺病患者应停留在室内，停止户外运动，一般人群减少户外运动
＞300	六级	严重污染	褐红色	健康人群运动耐受力降低，有明显强烈症状，提前出现某些疾病	儿童、老年人和病人应当留在室内，避免体力消耗，一般人群应避免户外活动

参 考 文 献

毕雪岩,吴兑,谭浩波,等.2007.Microtops Ⅱ型太阳光度计的使用、计算及定标[J].气象科技,**35**(4):583-588.

曹治强,吴兑,吴晓京.2008.1961—2005年中国大雾天气气候特征[J].气象科技,**36**(5):556-560.

陈欢欢,吴兑,谭浩波,等.2010.珠江三角洲2001—2008年灰霾天气过程特征分析[J].热带气象学报,**26**(2):147-155.

陈静,吴兑,刘啟汉.2010.广州地区低能见度事件变化特征分析[J].热带气象学报,**26**(2):156-164.

邓涛,吴兑,邓雪娇,等.2012.珠江三角洲一次典型复合型污染过程的模拟研究[J].中国环境科学,**32**(2):193-199.

邓雪娇,吴兑,史月琴,等.2007a.南岭山地浓雾的宏微观物理特征综合分析[J].热带气象学报,**23**(5):424-434.

邓雪娇,吴兑,唐浩华,等.2007b.南岭山地一次锋面浓雾过程的边界层结构分析[J].高原气象,**26**(4):881-889.

邓雪娇,吴兑,叶燕翔.2002.南岭山地浓雾的物理特征[J].热带气象学报,**18**(3):227-236.

邓雪娇,吴兑,游积平.2003.广州市地面太阳紫外线辐射观测和初步分析[J].热带气象学报,**19**(S):119-125.

樊琦,吴兑,范绍佳,等.2003.广州地区冬季一次大雾的三维数值模拟研究[J].中山大学学报,**42**(1):83-86.

环境保护部.2012a.GB 3095—2012环境空气质量标准[M].北京:中国环境科学出版社.

环境保护部.2012b.HJ 633—2012环境空气质量指数(AQI)技术规定(试行)[M].北京:中国环境科学出版社.

黄健,吴兑,黄敏辉,等.2008.1954—2004年珠江三角洲大气能见度变化趋势[J].应用气象学报,**19**(1):61-70.

102

蒋承霖,吴兑,谭浩波,等.2012.广州地区紫外辐射特征和模式对比分析[J].
中国环境科学,**32**(3):391-396.

蒋德海,吴兑,邓雪娇,等,2012,2010 年广州亚运限行减排对大气环境的影响
[J].热带气象学报,**28**(4):527-532.

李菲,吴兑,谭浩波,等.2012.广州地区旱季一次典型灰霾过程的特征及成因
分析[J].热带气象学报,**28**(1):113-122.

廖碧婷,吴兑,陈静,等.2012.灰霾天气变化特征及垂直交换系数的预报应用
[J].热带气象学报,**28**(3):417-424.

毛节泰,吴兑,李建国,等.1988.芜湖冶炼厂大气尘的物理化学特性[J].大气
环境,**3**(2):3-6.

万齐林,吴兑,叶燕翔.2004.南岭局地小地形背风坡增雾作用的分析[J].高原
气象,**23**(5):709-713.

谭浩波,吴兑,毕雪岩.2006.南海北部气溶胶光学厚度观测研究[J].热带海洋
学报,**25**(5):21-25.

谭浩波,吴兑,邓雪娇,等.2009.珠江三角洲气溶胶光学厚度的观测研究[J].
环境科学学报,**29**(6):1146-1155.

吴兑.1995.南海北部大气气溶胶水溶性成分谱分布特征[J].大气科学,**19**
(5):615-622.

吴兑.2003a.华南气溶胶研究的回顾与展望[J].热带气象学报,**19**(S):
145-151.

吴兑.2003b.温室气体与温室效应[M].北京:气象出版社.

吴兑.2005.关于霾与雾的区别和灰霾天气预警的讨论[J].气象,**31**(4):1-7.

吴兑.2006.再论都市霾与雾的区别[J].气象,**32**(4):9-15.

吴兑.2008a.大城市区域霾与雾的区别和灰霾天气预警信号发布[J].环境科
学与技术,**31**(9):1-7.

吴兑.2008b.霾与雾的识别和资料分析处理[J].环境化学,**27**(3):327-330.

吴兑.2011.灰霾天气的形成和演化[J].环境科学与技术,**34**(3):157-161.

吴兑.2012a.新版《环境空气质量标准》热点污染物 $PM_{2.5}$ 监控策略的思考与
建议[J].环境监控与预警,**4**(4):1-7.

吴兑.2012b.中国灰霾天气研究10周年记[J].环境科学学报,**32**(2): 257-269.

吴兑,毕雪岩,邓雪娇,等.2006a.珠江三角洲大气灰霾导致能见度下降问题研究[J].气象学报,**64**(4):510-517.

吴兑,毕雪岩,邓雪娇,等.2006b.珠江三角洲气溶胶云造成严重灰霾天气[J].自然灾害学报,**15**(6):77-83.

吴兑,常业谛,毛节泰,等.1994a.华南地区大气气溶胶质量谱与水溶性成分谱分布的初步研究[J].热带气象学报,**10**(1):85-96.

吴兑,陈位超,甘春玲,等.1993.台山铜鼓湾低层大气盐类气溶胶分布特征[J].气象,**19**(8):8-12.

吴兑,陈位超.1994b.广州气溶胶质量谱与水溶性成分谱的年变化特征[J].气象学报,**52**(4):499-505.

吴兑,邓雪娇.2001a.环境气象学与特种气象预报[M].北京:气象出版社.

吴兑,邓雪娇,毕雪岩,等.2007a.细粒子污染形成灰霾天气导致广州地区能见度下降[J].热带气象学报,**23**(1):1-6.

吴兑,邓雪娇,林爱兰,等.2004a.广东省空气质量预报系统[J].气象科技,**31**(6):351-355.

吴兑,邓雪娇,毛节泰,等.2007b.南岭大瑶山高速公路浓雾的宏微观结构与能见度研究[J].气象学报,**65**(3):406-415.

吴兑,邓雪娇,叶燕翔,等.2004b.南岭大瑶山浓雾雾水的化学成分研究[J].气象学报,**62**(4):476-485.

吴兑,邓雪娇,叶燕翔,等.2006c.岭南山地气溶胶物理化学特征研究[J].高原气象,**25**(5):877-885.

吴兑,邓雪娇,游积平,等.2006d.南岭山地高速公路雾区能见度预报系统[J].热带气象学报,**22**(5):417-422.

吴兑,甘春玲,何应昌.1995.广州夏季硫酸盐巨粒子的分布特征[J].气象,**21**(3):44-46.

吴兑,关越坚,甘春玲,等.1991.广州盛夏期海盐核巨粒子的分布特征[J].大气科学,**15**(5):124-128.

吴兑,黄浩辉,邓雪娇.2001b.广州黄埔工业区近地层气溶胶分级水溶性成分的物理化学特征[J].气象学报,**59**(2):213-219.

吴兑,李菲,邓雪娇,等.2008a.广州地区春季污染雾的化学特征分析[J].热带气象学报,**24**(6):569-575.

吴兑,廖碧婷,吴晟,等.2012a.2010年广州亚运会期间灰霾天气分析[J].环境科学学报,**32**(3):521-527.

吴兑,廖国莲,邓雪娇,等.2008b.珠江三角洲霾天气的近地层输送条件研究[J].应用气象学报,**19**(1):1-9.

吴兑,刘啟汉,梁延刚,等.2012b.粤港细粒子(PM$_{2.5}$)污染导致能见度下降与灰霾天气形成的研究[J].环境科学学报,**32**(11):2660-2669.

吴兑,毛节泰,邓雪娇,等.2009a.珠江三角洲黑碳气溶胶及其辐射特性的观测研究[J].中国科学 D,**39**(11):1542-1553.

吴兑,毛伟康,甘春玲,等.1990.西沙永兴岛西南季风期大气中氯核和硫酸根核的分布特征[J].热带气象,**6**(4):357-364.

吴兑,吴晟,陈欢欢,等.2011a.珠三角2009年11月严重灰霾天气过程分析[J].中山大学学报,**50**(5):40-47.

吴兑,吴晟,李菲,等.2011b.粗粒子气溶胶远距离输送造成华南严重空气污染的分析[J].中国环境科学,**31**(4):540-545.

吴兑,吴晟,李海燕,等.2011c.穗港晴沙两重天——2010年3月17—23日珠三角典型灰霾过程分析[J].环境科学学报,**31**(4):695-703.

吴兑,吴晟,李海燕,等.2011d.以珠三角典型灰霾天气为例谈资料分析方法[J].环境科学与技术,**34**(6):80-84.

吴兑,吴晟,毛夏,等.2011e.沿海城市灰霾天气与海盐氯损耗机制的关系[J].环境科学与技术,**34**(6G):38-43.

吴兑,吴晟,谭浩波.2008c.现行脱硫技术存在排放温室气体的隐患[J].环境科学与技术,**31**(7):74-79.

吴兑,吴晓京,李菲,等.2010.中国大陆1951—2005年霾的时空变化[J].气象学报,**68**(5):680-688.

吴兑,吴晓京,李菲,等.2011f.中国大陆1951—2005年雾与轻雾的长期变化

[J]. 热带气象学报, **27**(2):145-151.

吴兑, 吴晓京, 朱小祥. 2009. 雾和霾[M]. 北京:气象出版社.

吴兑, 游积平, 关越坚. 1996. 西沙群岛大气中海盐粒子的分布特征[J]. 热带气象学报, **12**(2):122-129.

吴兑, 赵博, 邓雪娇, 等. 2007c. 南岭山地高速公路雾区恶劣能见度研究[J]., 高原气象, **26**(3):649-654.

谢兴生, 吴兑, 邓雪娇, 等. 2001. 用 CCD 摄像机动态估算测量云雾含水量的初步试验[J]. 光学技术, **27**(4):321-323.

中国气象局. 2010. QX/T 113—2010 霾的观测和预报等级[M]. 北京:气象出版社.

Tie X X, Wu D, Brasseur G. 2009. Lung Cancer Mortality and Exposure to Atmospheric Aerosol Particles in Guangzhou, China[J]. Atmos Environ., **43**(14):2375-2377.

Wu D, Mao J T, Deng X J, et al, 2009. Black carbon aerosols and their radiative properties in the Pearl River Delta region [J]. Sci. China (Series D), **52**(8):1152-1163.

Wu D, Tie X X, Deng X J. 2006. Chemical Characterizations of Soluble Aerosols in Southern China[J]. Chemosphere, **64**(5):749-757.

Wu D, Tie X X, Li C C, et al. 2005. An extremely low visibility event over the Guangzhou region:A case study [J]. Atmos Environ. ,**39**(5):6568-6577.

106